国家科技图书文献中心专项资助

高端聚烯烃行业研发技术发展态势报告

High Performance Polyolefin Research and Developement Report

高端聚烯烃行业研发技术发展态势研究组 编著

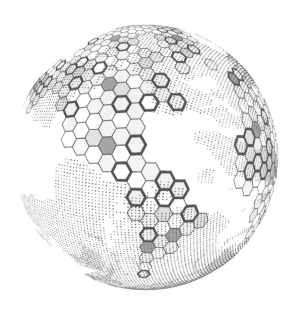

化学工业出版社

·北京·

内容简介

本书面向香山科学会议专家需求，利用文献计量的方法和情报分析工具，在领域专家对数据集精准判读、筛选和分类的基础上，对高端聚烯烃研究领域发展态势、行业研发专利技术态势，以及行业领先企业进行综合分析，提供高质量、有价值的参考建议。

本书适合新材料技术决策管理者、新材料研发机构的科研人员、高端聚烯烃生产和应用的相关产业和企业的从业人员阅读，也适合高等院校相关专业的师生参考。

图书在版编目（CIP）数据

高端聚烯烃行业研发技术发展态势报告 / 高端聚烯烃行业研发技术发展态势研究组编著 . —北京：化学工业出版社，2022.10

ISBN 978-7-122-42162-3

Ⅰ.①高… Ⅱ.①高… Ⅲ.①聚烯烃-化学工业-技术发展-研究报告-中国 Ⅳ.①TQ325.1

中国版本图书馆 CIP 数据核字（2022）第 170312 号

责任编辑：左晨燕　　　　　　　　　　装帧设计：刘丽华
责任校对：王鹏飞

出版发行：化学工业出版社（北京市东城区青年湖南街 13 号　邮政编码 100011）
印　　装：北京虎彩文化传播有限公司
787mm×1092mm　1/16　印张 13　字数 208 千字　2023 年 2 月北京第 1 版第 1 次印刷

购书咨询：010-64518888　　　　　　　售后服务：010-64518899
网　　址：http：//www.cip.com.cn
凡购买本书，如有缺损质量问题，本社销售中心负责调换。

定　　价：168.00 元

聚烯烃是工业需求量较大、应用广泛的重要高分子材料，随着新型工业化、信息化、城镇化和农业现代化的深入推进和居民消费结构的不断升级，我国聚烯烃市场面临巨大的发展空间和机遇。近年来，我国聚烯烃行业发展迅速，产能和消费量呈现双增长，成为全球聚烯烃生产和消费大国。然而，主要广泛应用于汽车零配件、能源、医疗设备、高端管材和包装等领域的高端聚烯烃产品，因具有高技术含量、高应用性能、高市场价值，生产主要集中在西欧、东南亚以及北美地区。相较部分西方发达国家，我国聚烯烃产业存在产品集中于中低端通用料、利润微薄、部分高端聚烯烃产业关键技术和产品依赖进口等问题。

为有效解决我国聚烯烃产业所面临的困境，集中力量攻克"卡脖子"技术，推动和实现我国聚烯烃产业高端突破、进口替代和自主创新，促进形成高端聚烯烃基础研究与产业的融合发展机制，推动聚烯烃材料供给侧改革，助力我国经济社会高质量发展，香山科学会议于2021年7月在北京召开以"新阶段聚烯烃的困境与高端突破机制"为主题的学术讨论会，会议邀请了多学科跨领域的专家学者与会，围绕"进口替代"高端聚烯烃的关键科学与技术问题、高端聚烯烃自主创新关键科学与技术问题、面向未来的高端聚烯烃基础研究与产业化融合机制等中心议题进行深入讨论。旨在从全链条探讨我国聚烯烃产业技术状态，从而有的放矢，补充并加强薄弱环节技术能力，突出发扬优势技术，逐步并有效改变我国聚烯烃产业长期以来存在的产品结构不合理的态势，并未雨绸缪，疏解迫在眉睫的产能过剩问题，使我国聚烯烃产业从大而不强向既大且强转变，借力我国社会转型升级对高端聚烯烃材料的巨大需求良机，不断升级突破，实现良性发展。

为支撑香山科学会议"新阶段聚烯烃的困境与高端突破机制"

前沿主题需求，国家科技图书文献中心（NSTL）作为国家科技文献信息资源保障基地、国家科技文献信息服务集成枢纽，组织了由中国科学院文献情报中心和中国化工信息中心两家成员单位的专项服务团队，在中国科学院化学研究所的领域科学家团队的指导和支持下，充分发挥丰富的科技文献资源、先进的知识挖掘工具的优势，利用科学计量学、文献信息调研和情报研究分析的方法，对国内外高端聚烯烃行业现状和市场应用、核心期刊论文研究领域发展态势、专利文献研发技术态势，以及领先企业产品和技术发展脉络进行了综合分析，旨在从全球高端聚烯烃行业研发技术情报和客观数据视角，探究高端聚烯烃行业的基础研究热点、研发技术布局和企业市场应用，为我国高端聚烯烃行业及相关研发者提供可借鉴的参考依据。

本书的撰写工作得到了国家科技图书文献中心领导和香山科学会议办公室的大力支持，得到香山科学会议"新阶段聚烯烃的困境与高端突破机制"学术研讨会组委会、会议执行主席王笃金、焦洪桥、庄毅、胡杰和董金勇的悉心指导，在此表示诚挚的感谢！特别感谢参与本书撰写的所有人员：中国科学院化学研究所王笃金、董金勇、李化毅、赵莹、秦亚伟和董侠专家负责论文和专利数据判读、主题分类和报告修改。刘细文、董金勇、揭玉斌、吴鸣、鲁瑛、靳茜和顾方负责总体设计、策划、组织和统稿。第1章由于宸、肖甲宏、鲁瑛完成；第2章由徐扬、吴鸣完成；第3章由吴鸣完成；第4章由肖甲宏、于宸、蒋招梧、顾方完成。

高端聚烯烃行业的发展和自主创新涉及基础研究、研发应用和产业化融合协同一系列关键科学与技术复杂问题，由于数据信息采集范围限制，以及信息分析能力和认证能力所限，书中难免存在不足之处，敬请读者批评指正。

刘细文

2022 年 10 月

目录

CONTENTS

第 3 章

高端聚烯烃行业研发态势分析

第 4 章

高端聚烯烃领先企业

表目录

图目录

数据来源与分析工具说明

1. 数据来源

科睿唯安的 Web of Science 是全球获取学术信息的重要数据库，基于严格的选刊程序以及客观的计量方法，收录各学科领域最具权威性和影响力的学术期刊，建立了世界上影响力最大、最权威的引文索引数据库。

采用 Web of Science™ 核心合集之 Science Citation Index Expanded（SCIE，1900 至今）和 Derwent Innovations Index（DII，1963 至今），作为核心期刊论文和专利文献检索数据源。

2. 时间跨度

1981—2021 年。

3. 检索策略

基于专家提供的高端聚烯烃技术分解表，采用以下几种数据。

① 高端聚烯烃：polypropylene plastomer OR polyethylene plastomer OR polypropylene elastomer OR polyethylene elastomer OR HMS polypropylene 等同义词和国际专利分类号。

② 聚合催化剂：early transition metal OR late transition metal OR ligand design catalyst OR catalyst for block copolymer OR metallocene 等同义词和国际专利分类号。

③ 聚合反应与工艺方法：chain-shuttling polymerization OR coordinative chain transfer polymerization OR solution polymerization OR catalloy process 等同义词和国际专利分类号。

采用以上数据分别在 SCIE 和 DII 数据库中进行检索，构建高端聚烯烃检索策略，邀请专家对论文与专利检索结果逐条判读，去除不相关的干扰噪声，构建精准分析数据集。

4. 检索时间

2022 年 3 月。

5. 论文类型

ARTICLE OR REVIEW OR LETTER

高端聚烯烃技术分解表（关键词及检索要素）

一级技术 （英文关键词）	二级技术 （英文关键词）	三级技术 （英文关键词）
催化剂 catalyst	前过渡金属 early transition metal 后过渡金属 late transition metal 配体设计合成 ligand design and synthesis 助催化剂 cocatalyst	聚丙烯催化剂 catalyst for PP 聚乙烯催化剂 catalyst for PE 无规共聚物催化剂 catalyst for random copolymer 嵌段共聚物催化剂 catalyst for block copolymer 极性共聚催化剂 catalyst for polar copolymerization
聚合反应新方法 new polymerization methodology	链穿梭聚合 chain-shuttling polymerization 配位链转移聚合 coordinative chain transfer polymerization	聚乙烯基嵌段聚烯烃聚合方法 PE-based block copolymerization 聚丙烯基嵌段聚烯烃聚合方法 PE-based block copolymerization 聚乙烯嵌段聚丙烯聚合方法 PE-b-PP block copolymerization 其他嵌段聚烯烃聚合方法 other block copolymerization 长链支化聚烯烃聚合方法 long-chain-branched polyolefin polymerization 其他拓扑结构聚烯烃聚合方法 other topology polyolefin polymerization
聚合反应新工艺 new polymerization technology	溶液聚合 solution polymerization 多反应器气相聚合新工艺 multi-reactor gas phase polymerization technology	POE 溶液聚合工艺 solution polymerization technology for POE POP 溶液聚合工艺 solution polymerization technology for POP 嵌段聚烯烃（OBC）溶液聚合工艺 solution polymerization technology for OBC catalloy 工艺 catalloy process

6. 情报分析工具

科睿唯安的 Derwent Data Analyzer（DDA）、Derwent Innovation，荷兰莱顿大学的 VOSviewer 知识图谱可视化软件，科思特尔的 Orbit 专利信息检索与分析数据库，以及 Excel 进行数据处理与分析。

第1章

CHAPTER

高端聚烯烃行业发展概况

1.1

高端聚烯烃概述

聚烯烃指乙烯、丙烯、丁烯或更高级 α-烯烃聚合而成的热塑性树脂材料，包括聚乙烯、聚丙烯、乙烯-醋酸乙烯共聚物，聚1-丁烯、乙烯-丙烯酸共聚物、环烯烃聚合物等，是工业需求量较大的高分子材料。高端聚烯烃，即为具有高技术含量（技术有门槛）、高应用性能（牌号多，快速的技术服务导向）、高市场价值（价格高、盈利强、波动小）的聚烯烃产品。其中主要包括茂金属牌号的聚乙烯、聚丙烯产品（mPE、mPP），聚烯烃弹性体等，见图1-1。高端聚烯烃应用领域十分广泛，主要包括汽车零配件、医疗设备、高端管材等。

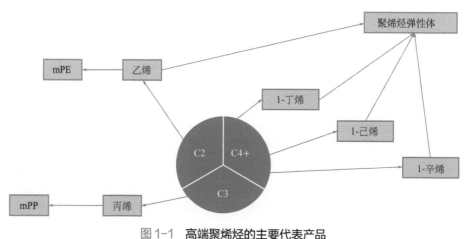

图1-1 高端聚烯烃的主要代表产品

1.1.1 高端聚乙烯

聚乙烯是一种通过乙烯加成聚合而成的合成树脂，其产量位于五大通用合成树脂之首。根据聚合物的结构和密度，聚乙烯分为高密度聚乙烯（HDPE）、线性低密度聚乙烯（LLDPE）、低密度聚乙烯（LDPE）、超高分子量聚乙烯（UHMWPE，分子量超过100万，通常为200万～600万）、分子量和支链可控的茂金属聚乙烯（mPE）等系列产品。其中，HDPE、LLDPE、LDPE是聚乙烯的主要产品，产量远高于其他产品。

2020年，全球聚乙烯总产能超1.28亿吨，同比增长5%左右。其中，HDPE

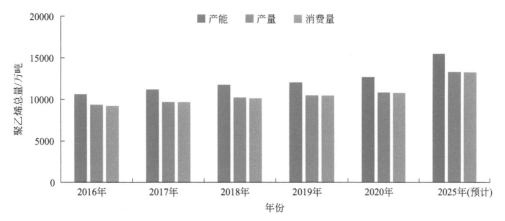

占比 45%，LLDPE 占比 33%，LDPE 占比 22%。预计到 2025 年，全球聚乙烯总产能将提升到 1.5 亿吨。2020 年，全球聚乙烯总产量和消费量均约为 1.08 亿吨（见图 1-2），同比增长 3%。其中，东北亚是主要的聚乙烯消费地区，约占总消费量的 39%，其次为北美和西欧地区。

图 1-2　全球聚乙烯生产消费情况

（数据来源：中国化信竞争情报研究院整理）

茂金属牌号的聚乙烯是高端聚乙烯的主要代表。在茂金属催化体系下由乙烯和 α- 烯烃（如 1- 丁烯、1- 己烯、1- 辛烯）聚合而成的共聚物，也是目前研发最多、产量最大的茂金属聚合物。茂金属聚乙烯主要产品类型有茂金属低密度聚乙烯（mLDPE）、茂金属高密度聚乙烯（mHDPE）和茂金属线性低密度聚乙烯（mLLDPE），其中以 mLLDPE 为主。

茂金属聚乙烯具有分子结构规整性高、强度高、韧性好、透明性好、热封强度高等特点，主要应用于包装领域。尤其是 mLLDPE 在食品包装膜和工业包装膜材料市场具有极普遍应用。

1.1.2　高端聚丙烯

聚丙烯是五大通用合成树脂之一，在耐热、耐腐蚀、透明性等方面具有优异性能，被广泛应用于日用品、工业品、医疗和新能源等领域。2020 年，全球聚丙烯产能约为 9050 万吨，新增产能 600 万吨。聚丙烯产能主要集中在东北亚、西欧、中东和北美地区，合计约占全球总产能的 76%。其中，东北亚占总产能的 45%。预计到 2025 年，聚丙烯产能将提升到 1.1 亿吨。2020 年，全球聚丙烯产量约为 7600 万吨（见图 1-3），消费量约为 7540 万吨，略低于

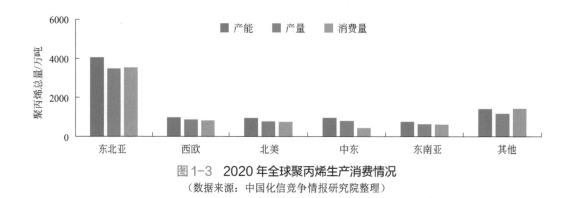

图 1-3　2020 年全球聚丙烯生产消费情况
（数据来源：中国化信竞争情报研究院整理）

2019 年的 7563 万吨消费量。其中，东北亚也是主要的聚丙烯消费地区，占总消费量的 47%。

高端聚丙烯包括一些大宗品种的高端牌号，如高结晶聚丙烯（HCPP，也称为高刚性聚丙烯）、高抗冲聚丙烯（HSPP）和高熔体强度聚丙烯（HMSPP）产品等，以及特殊品种的聚丙烯产品，如茂金属聚丙烯、超低灰分聚丙烯等。

高结晶聚丙烯（HCPP）分为共聚和均聚两种，共聚产品主要用于汽车和家电等下游领域，均聚产品主要用于食品包装行业，目前高结晶聚丙烯 90% 依靠进口。

高抗冲聚丙烯（HSPP）是根据冲击强度进行定义的，可以提高改性材料的韧性，主要用于汽车、玩具和家用电器等领域。随着汽车行业对材料的要求朝着更低的重量和更高的性能方向发展，HSPP 在汽车领域的应用在未来将继续增长。目前国内产品占据了主要的市场份额，但熔体指数大于 30 的 HSPP 产品仍完全依赖进口。

高熔体强度聚丙烯（HMSPP）具有成型工艺易调整、加工温度范围宽、制品透光率佳、壁厚均匀等特点，主要用于聚丙烯发泡，在中空产品注塑和薄膜等领域也有应用。

茂金属聚丙烯（mPP）是高端聚丙烯的主要代表，具有分子量分布窄、微晶较小、抗冲强度和韧性极佳、光泽度和透明度高、绝缘性能优异、与多种树脂相容性好等特点。但 mPP 技术壁垒较高，主要应用于纺丝、无纺布、注塑制品和薄膜等领域。

超低灰分聚丙烯主要应用于电池隔膜行业，其次是电容器膜行业，在未来 10 年中，超低灰分聚丙烯的消耗量每年将以超过 7% 的速度增长。

1.1.3　聚烯烃弹性体

聚烯烃弹性体（polyolefin elastomer, POE）主要指乙烯与 α- 烯烃（1-丁烯、1- 己烯、1- 辛烯等）的无规共聚物弹性体。具有优异的耐候性和耐化学药品性，以及较好的透明性和柔顺性，与聚烯烃相容性好，兼具有橡胶的高弹性和塑料易加工的优点，且获得弹性所需的成本更低、质量更轻、能耗更低，对环境更友好。POE 在许多应用场合可代替传统的橡胶及塑料软制品，还是性能优越的聚丙烯增韧改性剂。应用领域主要涉及汽车、发泡（鞋材、玩具）、电线电缆、家电，以及薄膜（食品包装、工业包装）等行业。POE 在国外主要用于改善保险杠的抗冲击性；在中国，68% 的进口 POE 用于保险杠和汽车内饰件，另有约 20% 用于聚合物的增韧改性，其余多用于生产电线电缆、热熔胶和电缆护套料等。

20 世纪 80 年代末，以美国为代表的西方国家对中国进行经济制裁，停供聚烯烃催化剂产品和技术，导致我国化工企业蒙受重大损失。经过三十余年的研究，我国在聚烯烃产业上实现了长足发展，解决了一系列"卡脖子"技术难题，打破了国外的技术垄断。在肯定成绩的同时，目前尚存的问题也不容忽视：我国已经成为聚烯烃的生产大国，但在技术和装备上仍然具有一定的依赖性，仍受美国、日本等国的制约。为此，要进行这些产品与技术的自主开发，攻克"卡脖子"，就必须加强对聚合工艺和耐高温茂金属催化剂的研究。

（1）聚合工艺对比

目前，国外主要的大型石化企业都在开发聚烯烃弹性体（POE）商品，包括陶氏、埃克森美孚、三井化学、SK、LG 化学、沙比克等，生产技术以陶氏开发的 Insite 溶液法聚合工艺以及埃克森美孚开发的 Exxpol 高压聚合技术为主。表 1-1 给出了国外主要聚合技术的简要对比。

表 1-1　聚烯烃弹性体（POE）主要聚合技术对比

制备技术	技术特点	应用公司
溶液聚合法	能耗适度，产品聚合相对容易，生产工艺相对环保，产品性能较为稳定	陶氏、三井化学、LG 化学、沙比克、SK
高压聚合法	工艺难度大，产品密度和性能相对要比溶液法差	埃克森美孚

从表 1-1 中的技术对比来看，相比于高压聚合法，Insite 溶液法聚合工艺简化了许多步骤，包括催化剂残渣的冷却与水洗、溶剂抽提和产品干燥等工序，是陶氏、三井化学、LG 化学、沙比克、SK 等各大主要生产企业运用的方法。未来该工艺仍将在 POE 生产中占据主导地位。但是溶液聚合须在较高的温度（至少 120℃）下进行，高温溶液聚合对于催化剂的要求较高。

（2）催化剂

催化剂设计是现代工业烯烃聚合工艺成功的关键，决定着单体在聚合物链中的化学连接方式，能够有效地定义聚合物的微观结构和性能[1]。国内外各种新型材料的兴起无不与催化剂的创新有关，新型催化剂的合成甚至引起聚烯烃材料领域的大规模更新换代，在烯烃聚合的发展中占有极其重要的地位。

用于烯烃聚合的催化剂按种类以及出现的时间总体上可分为四大体系，即齐格勒 - 纳塔（Ziegler-Natta）催化剂体系、铬系催化剂体系、茂金属催化剂体系、后茂金属催化剂体系。最早用于烯烃配位聚合的 Ziegler-Natta 催化剂是多相催化剂并包含一系列催化位点，与铬系催化剂一起，至今仍是烯烃聚合工业的主力军。茂金属催化剂的出现是聚烯烃领域的一座里程碑，1980 年，Sinn 等[2]发现水能使三甲基铝（AlMe₃）部分水解成甲基铝氧烷（MAO），并提出 MAO 以低聚物阴离子的形式稳定了茂金属阳离子，进而形成了烯烃配位插入反应的活性中心，才使茂金属催化剂具有高的催化活性，即 MAO 助催化剂的发现推动了茂金属催化剂的快速发展。后来，Yang 等[3]发现硼助催化剂可以计量有效地夺取茂金属中心的烷基，进而产生类似的活性中心。催化剂学术界和工业界对均相、单一活性中心的茂金属催化剂体系进行了大量研究，通过催化剂结构的改变构建高性能催化剂，所制备的聚合物具有窄分子量分布和更高的共聚单体插入率的特点，且共聚单体能够均匀分散在聚合物链段中，生产优良特性的聚乙烯及其弹性体和塑性体，在汽车、医药包装和纺织等领域广泛应用[1]。

20 世纪 90 年代，北卡罗来纳大学 Brookhart 和杜邦公司的研究人员首次披露了后茂金属催化剂可用于烯烃聚合[4]，这些是具有二亚胺配体的过渡金属和后过渡金属配合物，申请了美国有史以来最大的专利，构成了杜邦“Versipol”技术的一部分，并纳入杜邦专利产业[5]。2006 年，DOW 公司开发了一种全新的烯烃链穿梭聚合工艺技术，采用后茂金属催化剂，生产出一种全新的乙烯 /1-辛烯嵌段共聚物。该共聚物同时含有低共聚单体含量、高熔融温度且可结晶的乙烯 /1- 辛烯链段（即硬段），以及高共聚单体含量、低玻璃化转变温度的无

定形乙烯 /1- 辛烯链段（即软段）。与乙烯 /1- 辛烯无规共聚物弹性体相比，乙烯 /1- 辛烯嵌段共聚物具有更高的结晶温度和熔点，结晶形态更为规整，且玻璃化转变温度更低，这使其在拉伸强度、断裂伸长率和弹性恢复等物性方面表现出更优越的性能。

新型的后茂金属催化剂的金属为基于第 4 ～第 6 和第 8 ～第 10 族的过渡金属或稀土金属，配体是带有基于庞大含 O、P、N、S 等多种类杂原子的有机配体，并显示出方形平面、三角双锥、四面体和八面体等定向结构[6]。与没有显示这些几何形状的茂金属催化剂相比，后茂金属催化剂在催化性能方面有自身显著特点，活性中心金属具有较大的电负性，且具有顺式二烷基的中心结构，有利于烯烃的配位插入，不仅能催化烯烃均聚，也能催化烯烃和极性官能团烯烃共聚，可得到更多结构和性能新颖的共聚物。

基于茂金属和后茂金属催化剂已经发展出多种单中心催化剂，如单茂金属催化剂（half metallocene catalysts）、限制几何构型催化剂（constrained geometry catalysts）、Brookhart 催化剂（二亚胺后过渡金属配合物）、FI 催化剂（苯氧亚胺后过渡金属配合物）、亚氨酰胺催化剂（imino-amido）、阳离子后过渡金属催化剂（cationic late-transition-metal）[7,8]。

后茂金属催化剂所用的配体合成便捷，电子效应和空间效应易于调控，能够合成不同拓扑结构和性能的聚烯烃新产品。越来越多的采用后茂金属催化剂的烯烃聚合技术被商业化，但由于不同的公司对其后茂金属催化剂应用技术的细节和现状披露留有余地，因此也成为未来催化剂领域研究和工业应用的重点。

目前我国尚缺乏自主生产茂金属催化剂的工艺，加之催化剂生产工艺都受专利保护，因此茂金属聚烯烃和聚烯烃弹性体的催化剂工艺研究和工业化是我国聚烯烃行业需要面对的主要问题！

全球各大公司均采用茂金属催化剂制备聚烯烃弹性体（POE）。除了陶氏的 CGC 催化剂外，埃克森美孚、LG 化学等公司也开发出了自己的耐高温茂金属催化剂。各大公司的典型细分技术对比如表 1-2 所示。

综合来看：

① 产品质量与分布方面，Dow 化学公司制备工艺产品的分子量分布较窄，其余公司制备工艺产品的分子量分布均较宽；

② 经济性和工艺流程方面，陶氏的制备工艺较为简单，埃克森美孚的制备工艺较为复杂；

表 1-2 POE 各公司主要制备技术对比

生产企业	制备技术	成本	工艺特点	产品特点
陶氏	自有钛催化剂技术，陶氏 Insite 技术	较低	流程较为简单，简化了除去催化剂的步骤	分子量分布较窄。生产出了乙烯/1-辛烯、乙烯/1-丁烯、乙烯/丙烯三种规格的 POE 弹性体。乙烯/1-辛烯产品中 1-辛烯质量分数为 20%～30%，密度为 0.864～0.880g/cm^3
埃克森美孚	Exxpol 桥联茂金属技术，茂金属催化溶液聚合和高压离子技术	较高	流程较为复杂，工艺难度大	分子量分布较宽。产品是以 Exact 为商标的塑性体，密度为 0.860～0.915g/cm^3，以及以 Vistamaxx 为商标的特种弹性体
三井化学	专有茂金属催化技术	较低	—	分子量分布较宽。商品名为 Tafmer
LG 化学	茂金属聚合催化剂和溶液法技术	较低	—	分子量分布较宽。商品名为 Lucene

③ 在技术可得性方面，国外各大公司对 POE 的制备工艺进行了专利保护，且对于 POE 及其重要原料 α-烯烃生产工艺技术进行严密封锁，限制转让；

④ 从技术应用现状上看，陶氏 POE 产品的产能占全球产能的 50% 左右，其制备工艺在全球竞争中一直保持领先优势。

目前来看，对茂金属催化剂生产工艺进行系统研究，并开发具有我国自主知识产权的聚烯烃弹性体（POE）生产相关工艺技术，攻克"卡脖子"，已经迫在眉睫。

与西方发达国家相比，我国聚烯烃产业面临技术对外依存度高、利润微薄等结构性短板问题，这主要归因于低端聚烯烃产品产能过剩，而高端聚烯烃无法实现全面国产化而大量依赖进口。根据《化工新材料产业"十四五"发展指南》，中国高端聚烯烃塑料力争在 2025 年自给率提升至约 70%。未来中国高端聚烯烃将朝着原料多元化、提升催化剂技术、多种聚合工艺共存、装置大型化、重视回收利用等方向发展。

1.2
高端聚烯烃市场发展概况

从全球市场看，高端聚烯烃的生产主要集中在西欧、东南亚以及北美地区，主要企业包括北欧化工、陶氏、利安德巴塞尔、道达尔、三井化学、住友化学等。目前，我国高端聚烯烃市场规模超千亿元，表观消费量可达 1200 万吨，但自给率却只有 41%，远低于其他化工新材料。我国聚烯烃产品以中低端通用料为主，高端聚烯烃产品严重依赖进口。

1.2.1　茂金属聚烯烃

茂金属聚烯烃是在茂金属催化剂作用下得到的聚合产品，主要以茂金属聚乙烯和茂金属聚丙烯为主，是现阶段关注度较高的高端聚烯烃品种。

（1）茂金属聚乙烯

茂金属聚乙烯（mPE）是目前大规模工业化生产且产量最大、应用进度最快的高端聚烯烃。全球茂金属聚乙烯产能约为 1500 万吨，市场规模超过 2000 亿元。其中，需求量最大的茂金属线性低密度聚乙烯在西欧、东南亚和北美的市场规模占比分别为 37%、23% 和 16%。

世界主要的茂金属聚乙烯生产商有埃克森美孚、陶氏、三井化学、利安德巴塞尔等。具体产品信息见表 1-3。

表 1-3　全球主要茂金属聚乙烯生产企业

企业	产品类型	商品名
埃克森美孚	mLLDPE	Exceed、Enable
陶氏	mLLDPE、mHDPE	Elite、Elite AT
三井化学	mLLDPE、mHDPE	Evolue、Evolue H
利安德巴塞尔	mLLDPE	Luflexen
韩国大林	mLLDPE、mHDPE	Po1y

茂金属线性低密度聚乙烯（mLLDPE）产品主要用于生产各种薄膜制品，茂金属高密度聚乙烯（mHDPE）则主要用于管材、注塑、滚塑领域。从茂金

属聚乙烯的应用情况看，用于食品包装领域的产品约占总消费量的 36%，非食品包装约占 47%，其他方面（医药、汽车和建筑等）约占 17%。

（2）茂金属聚丙烯

茂金属聚丙烯（mPP）起步时间和市场发展规模滞后于茂金属聚乙烯。mPP 全球的需求量约为 60 万吨左右，且全球范围内 mPP 生产商较少，主要供应商集中在埃克森美孚、利安德巴塞尔、道达尔、三井化学等，见表 1-4。而中国茂金属聚丙烯消费量约为 7 万～ 8 万吨，严重依赖进口。

表 1-4　全球主要茂金属聚丙烯生产企业

企业	产品类型	商品名	应用领域
埃克森美孚	均聚	Achieve	高透明注塑产品、食品容器、透明包装等
利安德巴塞尔	均聚、无规共聚	Adstif、Metocene、Moplen	纺丝、无纺布、食品容器、医疗卫生等
道达尔	均聚、无规共聚	Lumicene MR、Finacene、SPP	无纺布、食品包装、薄膜等
三井化学	共聚	Tafmer	热封层和收缩膜

1.2.2　聚烯烃弹性体

目前全球聚烯烃弹性体（POE）产能超过 160 万吨，装置分布在北美、西欧、日本、韩国、新加坡、沙特阿拉伯等地。虽然全球 POE 生产企业分布较为分散，但是企业产能集中度很高，陶氏占全球产能 40% 以上。

最早投入应用的 POE 产品是 C4 POE 产品，其最大的优势是价格比较低。主要供应商包括陶氏、三井化学、埃克森美孚、LG 化学，主要产品系列包括陶氏 Engage 系列、埃克森美孚 Exact 系列、LG 化学 Lucene 系列、三井化学 Tafmer 系列。

目前下游需求最大的 POE 产品是 C8 POE 产品，其性能优于 C4 POE 产品，拥有的市场用户较多。主要供应商包括陶氏、埃克森美孚、三井化学、沙比克、LG 化学等，见表 1-5，主要产品系列包括陶氏 Engage 系列、埃克森美孚 Exact 系列、三井化学 Tafmer 系列、沙比克 Fornity 系列和 Solumer 系列、LG 化学 Lucene 系列。

表 1-5　全球主要聚烯烃弹性体生产企业

企业	产能 /（万吨 / 年）	商品名
陶氏	83.5	Engage
埃克森美孚	38	Exact
三井化学	25	Tafmer
沙比克	23	Fornity、Solumer
LG 化学	9	Lucene

全球 POE 产品产量中 C8 POE 产品占比 75% 以上，其余均为 C4 POE 产品。未来几年 POE 产品中 C8 POE 产品将占比 76% 以上，C4 POE 产品将约占 24%。这主要归因于 C8 POE 产品的耐拉伸性、耐化学性要比 C4 POE 产品更好，下游市场用户较多，而 C4 POE 产品在价格上的优势将确保其在较长时间内拥有稳定的需求量。

POE 的需求量一直保持快速增长，主要消费区域集中在日本（33%）、北美（32%）和西欧（25%）。应用领域主要涉及汽车、发泡、电线电缆、家电等行业，见表 1-6。预计到 2023 年各行业对 POE 的需求占比分别为：汽车 53%，发泡（鞋材、玩具）18%，电线电缆 11%，家电 7%，薄膜（主要用于食品包装、工业包装）4%。

聚烯烃循环利用是近年该行业的主要课题之一。如北欧化工推出塑料回收技术 Borcycle™，这一技术将聚烯烃废料转化为颗粒等回收材料。北欧化工还宣布对现有的 Purpolen™ 品牌组合中的现有回收物进行一系列重大改进，从而加速向塑料循环经济的转变。

在全球范围内碳中和持续推进背景下，2021 年陶氏、利安德巴塞尔和诺瓦化学宣布成立闭环循环塑料基金，设立了三个战略领域，以增加可回收塑料的数量，满足产品和包装中对高质量回收材料日益增长的需求。这三大战略领域是：

① 推进当前和下一代物料收集系统，包括运输、物流、回收分类技术和基础设施，增加目标聚乙烯和聚丙烯塑料的收集。

② 升级回收系统，更有效地对塑料进行分类，增加高质量再生塑料的数量。

③ 投资利用可回收塑料（包括可回收的 PE 和 PP）进行生产的设施和设备。

表1-6 全球聚烯烃弹性体（POE）行业领域应用

行业	应用领域
汽车行业	POE 在汽车领域主要用于内外饰件、汽车仪表等，具体包括保险杠、方向盘、仪表盘、垫板等。用于汽车领域的 POE 与其他竞争产品相比，具有力学性能均衡性好，耐化学性能优异（耐腐蚀）、耐候、耐冲击），产品易加工等优势
发泡行业	POE 有着良好的回弹性和柔韧性，通过与 EVA 并用发泡，可有效提升 EVA 发泡性能，使得材料更轻、压缩回弹更好，泡孔更均匀细腻，撕裂强度更高。目前，POE 已经大量地被用于鞋的中底、缓冲片材、鼠标垫、箱包衬里等发泡产品上
电线电缆行业	POE 具有优异的电绝缘性、耐臭氧、耐火、耐候、防老化、交联效率高等特点，可代替 EVA、EEA（乙烯 – 丙烯酸乙烯共聚物）或 EPDM（三元乙丙橡胶）用于电缆保护套绝缘材料
家电行业	家电行业所用的各种外壳、软管等是 POE 应用最多的部位。家电外壳、抽屉主要是 PP（聚丙烯）材质，其缺口冲击强度低、低温脆性尤为突出，使其应用受到局限，通过与弹性体 POE 共混来改善 PP 冲击性能是目前最广泛采用的方法。家电行业中的软管材质包括吸尘器软管、洗衣机软管、排水管，该类软管中 POE 主要添加在挤出软管的内层，使得软管具有抗污柔软性的封口，所需的热封温度低且热封强度更高
薄膜行业	利用 POE 卓越的低温热封性能、热黏着强度以及回弹性能，对 LLDPE、CPP 等膜材料共混改性，既能加宽膜材料热封层的热封窗口温度，又能对膜本身的回弹和抗撕裂性能带来良好提高

第 2 章
CHAPTER

高端聚烯烃研究
领域态势分析

本章以 SCIE 论文检索结果为数据源，基于文献计量和知识图谱等方法，分析了全球高端聚烯烃的基础研究现状和趋势，同时对高端聚烯烃领域的聚合催化剂、聚合反应与工艺方法两个重点领域作进一步解读与分析，梳理了领域内发文趋势、国家影响力、机构影响力、热点研究主题，为当下及今后高端聚烯烃领域以及聚合催化剂、聚合反应与工艺方法主题领域的研究与布局提供参考。

2.1
高端聚烯烃研究领域总体态势分析

2.1.1　研究领域论文发展趋势

结合 SCIE 检索与人工判读，1981—2021 年，全球在高端聚烯烃领域共发表 12349 篇论文，发展历经三个阶段：

① 1981—1990 年，全球在该领域的研究发展相对缓慢，年发文量未超过 100 篇。

② 1991—1999 年，1991 年的年发文量突破 100 篇后，全球在该领域的研究进入稳步增长阶段。

③ 2000 年以后，全球在该领域的研究保持在稳定发展水平，年发文量保持在 400 篇以上。2013 年发文量 490 篇，达历史峰值。近 10 年论文产出数量占全部论文总数的比例为 36.20%，见图 2-1。

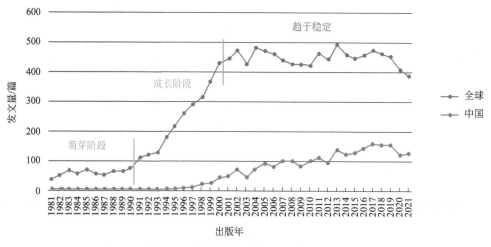

图 2-1　高端聚烯烃领域全球发文趋势

2.1.2　主要研究国家／地区分布及合作

对高端聚烯烃研究领域的国家／地区分布分析发现，全球有 86 个国家开展了相关研究，发文量位于前十位的国家／地区分别为美国、中国、德国、日本、加拿大、韩国、意大利、英国、法国和印度，这 10 个国家发文量占总论文量的 83.50%，见图 2-2。

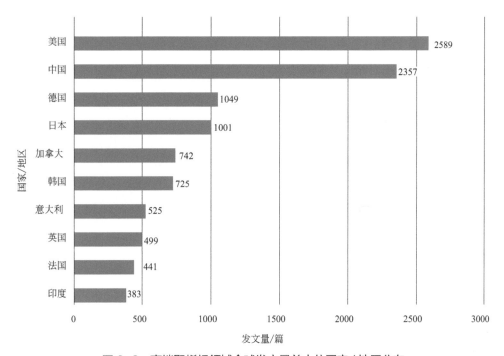

图 2-2　高端聚烯烃领域全球发文量前十位国家／地区分布

在发文量前十国家中，从总被引频次指标上来看，前五位的国家是美国、德国、中国、日本和英国；从篇均被引频次指标上来看，前五位的国家是英国、美国、德国、加拿大和法国，见表 2-1。从总被引频次和篇均被引频次指标上，各国在高端聚烯烃研究领域的影响力可见一斑。

分析发文量前十位国家／地区的年度论文产出趋势（图 2-3）可知：

① 美国、中国、意大利和法国最早开展了高端聚烯烃相关研究；

② 20 世纪 90 年代后，各国在高端聚烯烃领域的研究稳步增长；

③ 近年来上升趋势迅猛的是美国和德国。

分析发文量前十位国家／地区相互间的合作情况（图 2-4）可知，发文量排名前十位的国家／地区开展了广泛且密切的合作，合作方式有两两合作与多国合作模式。发文量位于前三位的国家／地区的合作情况：美国与中国、德国、

表 2-1 研究领域全球前十国家 / 地区论文产出及影响

国家 / 地区	发文量 / 篇	总被引		篇均被引	
		频次	排序	频次	排序
TOP10	10311	354118		34.34	
美国	2589	131261	1	50.70	2
中国	2357	40557	3	17.21	9
德国	1049	41100	2	39.18	3
日本	1001	30286	4	30.26	7
加拿大	742	28097	6	37.87	4
韩国	725	17427	7	24.04	8
意大利	525	16702	8	31.81	6
英国	499	28872	5	57.86	1
法国	441	14663	9	33.25	5
印度	383	5153	10	13.45	10

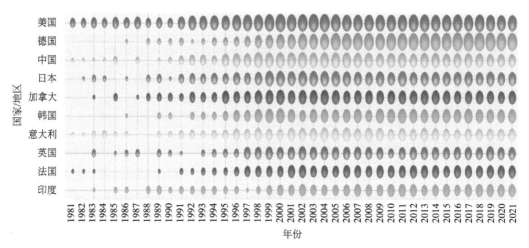

图 2-3 全球前十位国家 / 地区年度发文趋势

加拿大和韩国合作密切；中国与美国、日本、加拿大和德国合作密切；德国与美国、荷兰、中国和法国合作密切。

国家 / 地区间合作发文量在 200 篇以上的有美国、中国、德国和加拿大。其中，美国的合作发文量最高，达 568 篇。合作发文比例高于 25% 的有英国、法国和加拿大，其中，英国的合作发文比例最高，达 34.87%，见表 2-2。

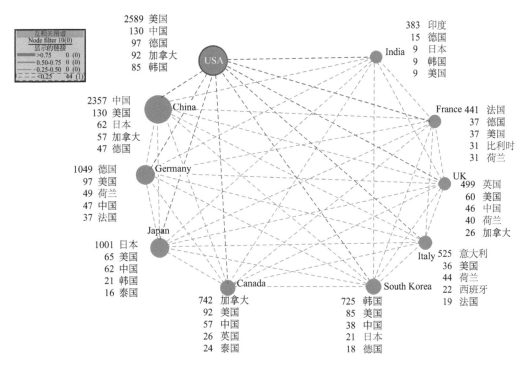

图 2-4　全球发文量前十位国家 / 地区合作情况

表 2-2　全球发文量前十位国家 / 地区合作发文统计

序号	国家 / 地区	发文量 / 篇	非 TOP10 合作 发文 / 篇	TOP10 合作 发文 / 篇	TOP10 合作发文 占比 /%
1	美国	2589	2021	568	21.94
2	中国	2357	1975	382	16.21
3	德国	1049	794	255	24.31
4	日本	1001	820	181	18.08
5	加拿大	742	520	222	29.92
6	韩国	725	561	164	22.62
7	意大利	525	422	103	19.62
8	英国	499	325	174	34.87
9	法国	441	300	141	31.97
10	印度	383	329	54	14.10

2.1.3　主要研究机构分布及合作

对高端聚烯烃领域的全球研究机构进行筛选分析发现，发文量位于前十位的研究机构分别是美国的陶氏，奥地利的北欧化工，中国的浙江大学、中国科学院化学研究所（简称中科院化学所）、中国科学院长春应用化学研究所（简称中科院长春应化所），美国的马萨诸塞大学、埃克森美孚，日本的三井化学，加拿大的滑铁卢大学和中国的四川大学。其中美国的 3 家机构中，有 2 家为企业，1 家为高校；中国的 4 家机构中，有 2 家为研究机构，2 家为高校；奥地利和日本的 2 家机构均为企业；加拿大的 1 家机构为高校。在发文量前十的机构中，从总被引频次指标上来看，前五的机构是陶氏、马萨诸塞大学、三井化学、滑铁卢大学和埃克森美孚；从篇均被引频次指标上来看，前五的机构是三井化学、马萨诸塞大学、陶氏化学、滑铁卢大学和埃克森美孚。从总被引频次和篇均被引频次指标上，各机构在高端聚烯烃研究领域的影响力可见一斑，见表 2-3。

表 2-3　全球发文量前十位机构的论文数量及影响力

序号	机构	发文量 / 篇	总被引		篇均被引	
			频次	排序	频次	排序
1	陶氏	319	13365	1	41.90	3
2	北欧化工	244	5208	6	21.34	6
3	浙江大学	240	3422	9	14.26	10
4	中科院化学所	226	3822	8	16.91	8
5	中科院长春应化所	220	4182	7	19.01	7
6	马萨诸塞大学	189	9655	2	51.08	2
7	埃克森美孚	166	5303	5	31.95	5
8	三井化学	157	8754	3	55.76	1
9	滑铁卢大学	151	5362	4	35.51	4
10	四川大学	150	2187	10	14.58	9

分析发文量前十位机构的年度论文产出趋势（图 2-5）可知：

① 陶氏最早开展了高端聚烯烃相关研究，自 1981 年至今，处于持续产出状态；

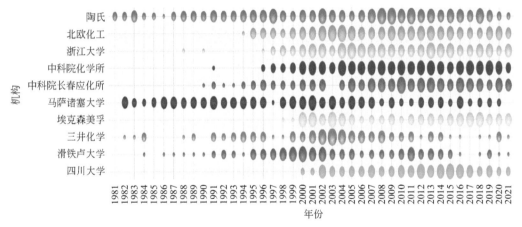

图2-5　全球发文量前十位机构的发文趋势

② 多数机构在20世纪90年代陆续开始相关研究，于90年代末进入持续产出状态；

③ 陶氏、北欧化工、浙江大学、中科院化学所和中科院长春应化所在2007—2012年期间在该领域的发文量较多。

分析发文量前十位机构相互间的合作情况（图2-6）可知，有九家机构开展了广泛且密切的合作，合作模式有两两合作与多机构合作，合作方式有国内合作和国际合作。其中，多机构合作的有陶氏、中科院化学所和马萨诸塞大学。三井化学未与其他九家机构开展合作。

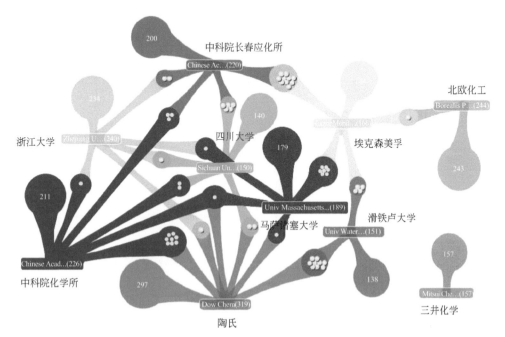

图2-6　全球发文量前十位机构合作关系

发文量位于前三位的机构的合作情况：陶氏与中科院化学所、滑铁卢大学、四川大学、马萨诸塞大学和浙江大学展开了合作；北欧化工与埃克森美孚展开了合作；浙江大学与中科院长春应化所、中科院化学所、四川大学、马萨诸塞大学和陶氏展开了合作。

合作机构数量最多的是陶氏，共合作六家机构；合作机构数量达五家的机构为中科院化学所和浙江大学；合作机构数量达四家的机构有中科院长春应化所、四川大学、埃克森美孚、马萨诸塞大学。

合作发文量排名前三位的机构分别是陶氏（22篇）、埃克森美孚（22篇）和中科院长春应化所（20篇）。合作发文比例排名前三位的机构分别是埃克森美孚（13.25%）、中科院长春应化所（9.09%）和滑铁卢大学（8.61%）。见表2-4。

表2-4 全球发文量前十位机构合作发文统计

序号	机构	发文量/篇	非TOP10合作发文/篇	TOP10合作发文/篇	TOP10合作发文占比/%
1	陶氏	319	297	22	6.90
2	北欧化工	244	243	1	0.41
3	浙江大学	240	234	6	2.50
4	中科院化学所	226	211	15	6.64
5	中科院长春应化所	220	200	20	9.09
6	马萨诸塞大学	189	179	10	5.29
7	埃克森美孚	166	144	22	13.25
8	三井化学	157	157	0	0.00
9	滑铁卢大学	151	138	13	8.61
10	四川大学	150	140	10	6.67

2.1.4 主要国家/地区和机构研究主题分布

高端聚烯烃领域前十的高词频主题词分别是：聚丙烯、聚乙烯、嵌段共聚物、茂金属催化剂、茂金属、聚烯烃、聚合、性能、形态结构和混合等，对其在前十国家/地区的分布、在TOP机构的分布，以及近期研究主题分布进行了分析，详情见图2-7和表2-5。

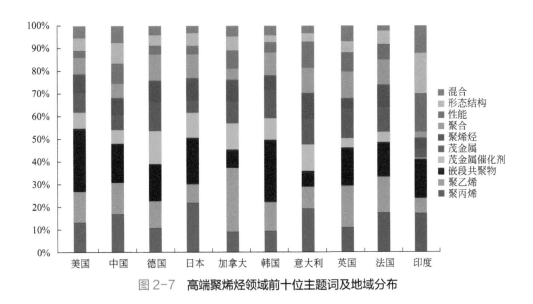

图 2-7　高端聚烯烃领域前十位主题词及地域分布

混合
形态结构
性能
聚合
聚烯烃
茂金属
茂金属催化剂
嵌段共聚物
聚乙烯
聚丙烯

表 2-5　全球发文量前十位国家/地区的研究机构及主题词

国家	排名最前的机构	排名最前的领域主题词	近期领域主题词
美国	陶氏 [253] 马萨诸塞大学 [170] 埃克森美孚 [151]	block copolymer (BCP) [196] polyethylene (PE) [99] polypropylene (PP) [92]	living [4] assembly [2] cellulose nanocrystal [2] chain walking [2] inverse short chain branching distribution [2] recycled polypropylene [2]
中国	浙江大学 [237] 中科院化学所 [225] 中科院长春应化所 [216]	block copolymer (BCP) [176] polypropylene (PP) [172] polyethylene (PE) [146]	Borate [3] &#8208 [2] &#945 [2] anion exchange membrane [2] molding [2] property relationships [2] spray coating [2] structure&#8211 [2] surfaces and interfaces [2] theoretical simulation [2]
德国	汉堡大学 [84] 拜罗伊特大学 [83] 弗莱堡大学 [75]	block copolymer (BCP) [74] metallocene catalysts [67] metallocene [56]	crystal nucleation [2] fast scanning chip calorimetry (FSC) [2]

国家	排名最前的机构	排名最前的领域主题词	近期领域主题词
日本	三井化学 [134] 东京工业大学 [117] 日本产业技术综合研究所 [89]	polypropylene (PP) [83] block copolymer (BCP) [78] metallocene catalysts [43]	—
加拿大	滑铁卢大学 [145] 麦克马斯特大学 [81] 多伦多大学 [79]	polyethylene (PE) [91] metallocene catalysts [38] polyolefins [32]	bimodal polyethylene [2] inverse short chain branching distribution [2] lignin [2] thermoreversibility [2]
韩国	韩国高等科学技术学院 [111] 首尔国立大学 [85] 高丽大学 [57]	block copolymer (BCP) [82] polyethylene (PE) [38] metallocene [36]	block copolymer photonic crystals [2] carbon fiber reinforced thermoplastic [2]
意大利	那不勒斯费德里克二世大学 [95] 萨莱诺大学 [84] 利安德巴塞尔 [61]	polypropylene (PP) [35] metallocene catalysts [22] polyolefins [21] mechanical properties [21] olefin polymerization [21]	QSAR [2] turbidimetric studies [2]
英国	谢菲尔德大学 [70] 布里斯托大学 [39] 埃因霍芬理工大学 [17]	polyethylene (PE) [29] block copolymer (BCP) [26] metallocene [20]	—
法国	波尔多大学 [20] 北欧化工 [12]	polypropylene (PP) [31] polyethylene (PE) [29] block copolymer (BCP) [27]	SEM [2]
印度	印度理工学院 [128] 圣雄甘地大学 [10] Bhabha 原子研究中心 [8]	morphology [29] polypropylene (PP) [28] block copolymer (BCP) [28] mechanical properties [28]	—

2.1.5 研究领域研究人员与研究主题变化

由 1981—2021 年高端聚烯烃领域基于年份活跃的研究人员和新出现的研究主题词来看，研究领域自 20 世纪 90 年代开始，持续有新的研究人员和新的研究主题词进入，整体呈现波动上升趋势，说明高端聚烯烃研究领域呈现蓬勃发展趋势，是热门研究领域，见图 2-8 和图 2-9。

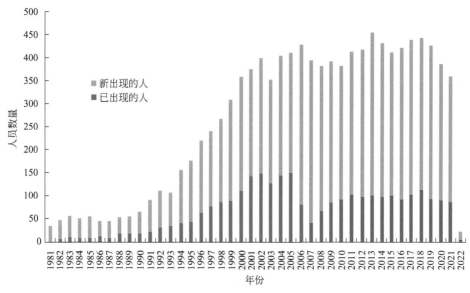

图 2-8　高端聚烯烃领域研究人员变化趋势

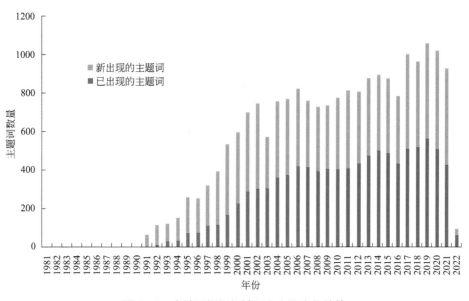

图 2-9　高端聚烯烃领域研究主题变化趋势

2.1.6　研究领域主要学科方向分布

根据 Web of Science 学科分类来看，高端聚烯烃研究主要分布在高分子科学、物理化学、化学-多学科、材料科学-多学科、工程化学、化学-无机与核、有机化学、纳米科学与纳米技术、应用物理学、材料科学-复合材料方向，其中高分子材料领域的论文量高达 6982 篇，占总论文量的 56.54%；物理化学领域论文量有 1618 篇,占总论文量的 13.10%;之后是化学 - 多学科(1538 篇)和材料科学 - 多学科(1369 篇),见表 2-6 和图 2-10。

表 2-6 全球高端聚烯烃领域发文量前十位学科方向分布

序号	学科方向	论文数量 / 篇	百分比 /%
1	高分子科学	6982	56.54
2	物理化学	1618	13.10
3	化学 – 多学科	1538	12.45
4	材料科学 – 多学科	1369	11.09
5	工程化学	1130	9.15
6	化学 – 无机与核	874	7.08
7	有机化学	722	5.85
8	纳米科学与纳米技术	482	3.90
9	应用物理学	420	3.40
10	材料科学 – 复合材料	273	2.21

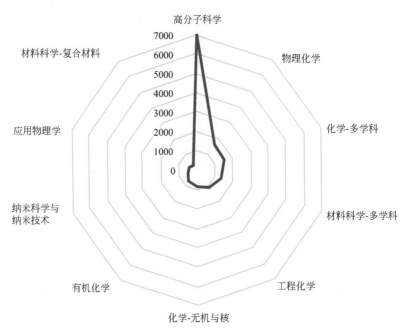

图 2-10 全球高端聚烯烃领域发文量前十位学科方向分布

2.1.7 研究领域主要核心期刊分布

下表显示了高端聚烯烃研究领域发文量前十核心期刊，及其 2020 年影响因子。发文最多的三个期刊为《MACROMOLECULES》《JOURNAL OF APPLIED POLYMER SCIENCE》《POLYMER》；发文影响因子最高的三个期刊为《JOURNAL OF THE AMERICAN CHEMICAL SOCIETY》《MACROMOLECULES》《EUROPEAN POLYMER JOURNAL》，见表 2-7 和图 2-11。

表 2-7　全球高端聚烯烃领域发文量前十位核心期刊

序号	期刊名称	发文量 / 篇	期刊影响因子	百分比 /%
1	《MACROMOLECULES》	1111	5.985	9.00
2	《JOURNAL OF APPLIED POLYMER SCIENCE》	769	3.125	6.23
3	《POLYMER》	609	4.43	4.93
4	《JOURNAL OF POLYMER SCIENCE PART A-POLYMER CHEMISTRY》	390	2.702	3.16
5	《ORGANOMETALLICS》	373	3.876	3.02
6	《MACROMOLECULAR CHEMISTRY AND PHYSICS》	268	2.527	2.17
7	《JOURNAL OF THE AMERICAN CHEMICAL SOCIETY》	246	15.419	1.99
8	《POLYMER ENGINEERING AND SCIENCE》	225	2.428	1.82
9	《EUROPEAN POLYMER JOURNAL》	201	4.598	1.63
10	《JOURNAL OF ORGANOMETALLIC CHEMISTRY》	200	2.369	1.62

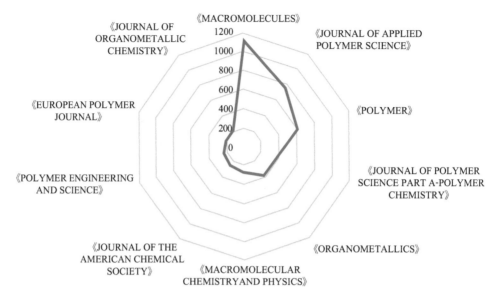

图 2-11　全球高端聚烯烃领域发文量前十位核心期刊

2.1.8　研究领域及国家 / 地区、机构的热点主题分布

（1）高频主题词分析

基于 SCI 论文，利用情报分析工具 DDA，通过人工解读将相同主题清洗加工，遴选词频高于 25 次（含）的高词频主题词，按照聚合物与产品、聚合催化剂、聚合反应与工艺方法、聚合物结构与性能表征 4 个主题进行分类，得到高端聚烯烃研究领域的高频主题词如表 2-8 所示。

表 2-8　全球高端聚烯烃研究领域高频主题词

主题分类	高频关键词	词频	高频关键词	词频
聚合物与产品	polypropylene (PP)	738	carbon nanotubes (CNTs)	50
	polyethylene (PE)	705	foam	46
	block copolymer (BCP)	685	polyolefin elastomer (POE)	46
	polyolefins	414	ultra-high molecular weight polyethylene (UHMWPE)	45
	nanocomposites	269	thermoplastics	42
	linear low density polyethylene (LLDPE)	268	1-hexene	40

主题分类	高频关键词	词频	高频关键词	词频
聚合物与产品	ethylene	175	thermoplastic starch (TPS)	38
	polymer blends	124	diblock copolymer	37
	propylene	111	syndiotactic polypropylene(SPP)	37
	nanoparticles (NPs)	103	membranes	33
	isotactic poly(Propylene)(IPP)	98	films	32
	polymer	89	olefin block copolymer	32
	copolymer	86	natural rubber (NR)	29
	micelles	86	polymer-matrix composites (PMCS)	29
	thermoplastic elastomer (TPE)	82	amphiphilic block copolymer	28
	elastomer	81	graft copolymer	28
	ethylene-octene copolymer (EOC)	77	ethylene copolymers	27
	low density polyethylene(LDPE)	73	alpha-olefin	26
	olefin	73	branched polyethylene	26
	high-density polyethylene (HDPE)	71	recycled polypropylene	26
	thin film	68	norbornene	25
	metallocene polyethylene (MCPE)	54	supported metallocene catalyst	25
聚合催化剂	zirconocene	73	activation	29
	silica (SiO$_2$)	67	constrained geometry catalyst	26
	supported catalyst	61	single-site catalyst	26
	clay	41	ansa-metallocene	25
	hafnium	39	montmorillonite	24

CHAPTER2

主题分类	高频关键词	词频	高频关键词	词频
聚合催化剂	nickel	39	supported metallocene	24
	cocatalyst	37	titanium complex	24
	FI catalysts	33	late transition metal catalyst	22
	palladium	32	metallocene complexes	21
	heterogeneous catalysis	31		
聚合反应与工艺方法	molecular weight distribution (MWD)	85	RAFT polymerization	29
	density functional theory method (DFT)	71	synthesis	28
	living polymerization	61	gas-phase polymerization	27
	supports	60	injection molding	27
	extrusion	47	processing	27
	isotactic	45	interface	26
	in situ polymerization	44	melt	26
	branched	40	anionic polymerization	25
	molecular weight	32	directed self assembly	25
	chain transfer	31	chemical composition distribution (CCD)	24
	orientation	31	functionalization of polymers	24
	reactive extrusion	31	annealing	23
	short chain branching	31	coordination polymerization	23
	hydrogenation	30	functionalization	23
	phase separation	29		
聚合物结构与性能表征	modeling	76	thermal stability	32
	nuclear magnetic resonance (NMR)	55	diffusion	31
	nanostructures	52	mechanism	31

主题分类	高频关键词	词频	高频关键词	词频
聚合物结构与性能表征	atomic force microscopy (AFM)	47	toughness	31
	degradation	46	structure-property relations	30
	miscibility	45	electron beam irradiation	29
	crystallinity	44	impact strength	29
	small angle X ray scattenng (SAXS)	41	tensile properties	29
	crystal structure	39	crystallization kinetics	28
	compatibility	38	polymerization kinetics	27
	structure	38	fourier transform infrared spectroscopy (FTIR)	26
	rheological properties	37	electron microscopy (TEM)	25
	adhesion	36	property	25
	kinetics (Polym.)	32	stability	25

将高端聚烯烃领域的词频位于前十的主题词进行时间序列分析，以了解该领域内主题研究的发展趋势。如图 2-12 所示，1981—2021 年期间，在 2004 年

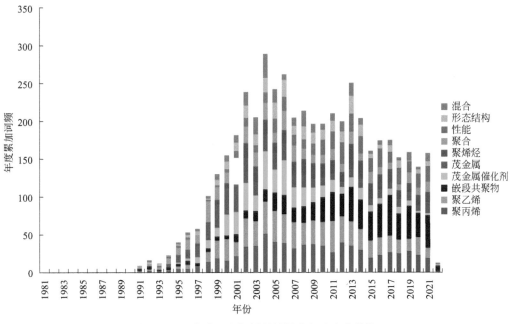

图 2-12　全球研究领域关键技术年度变化趋势

以前，前十主题词的年度累加词频呈波动增长趋势，约 2005 年以后，累计词频呈波动下降趋势。其中，2004 年年度累加词频为历史峰值，近 300 次。

（2）高频主题词国家 / 机构分布

对论文产出前十位国家 / 地区的聚合物与产品、聚合催化剂、聚合反应与工艺方法、聚合物结构与性能表征 4 个研究主题类别进行分析，以了解各国家 / 地区的研究布局，见图 2-13。分析发现，在高频主题词研究中，各国对高频主题词的 4 个主题类别均有涉及，布局不同。

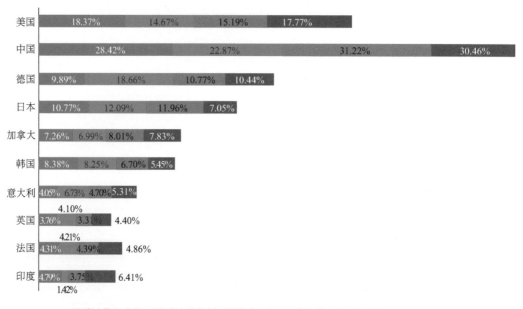

图 2-13　全球发文量前十位国家 / 地区研究主题分布

① 聚合物与产品研究论文产出前三位的国家 / 地区分别是中国（28.42%）、美国（18.37%）和日本（10.77%）；

② 聚合催化剂研究论文产出前三位的国家 / 地区分别是中国（22.87%）、德国（18.66%）和美国（14.67%）；

③ 聚合反应与工艺方法研究论文产出前三位的国家 / 地区分别是中国（31.22%）、美国（15.19%）和日本（11.96%）；

④ 聚合物结构与性能表征研究论文产出前三位的国家 / 地区分别是中国（30.46%）、美国（17.77%）和德国（10.44%）。

对论文产出前十位机构的聚合物与产品、聚合催化剂、聚合反应与工艺方法、聚合物结构与性能表征 4 个研究主题类别进行分析，以了解各国家的研究布局，见图 2-14。分析发现，在高频主题词研究中，前十位机构对高频主题词的 4 个主题类别均有涉及，布局不同。

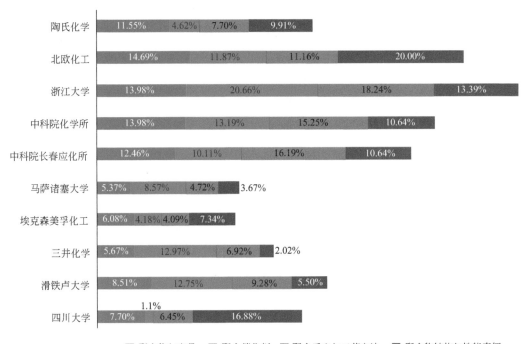

图 2-14　全球发文量前十位机构研究主题分布

① 聚合物与产品研究论文产出前三位的机构分别是北欧化工（14.69%）、浙江大学（13.98%）和中科院化学所（13.98%）；

② 聚合催化剂研究论文产出前三位的机构分别是浙江大学（20.66%）、中科院化学所（13.19%）和三井化学（12.97%）；

③ 聚合反应与工艺方法研究论文产出前三位的机构分别是浙江大学（18.24%）、中科院长春应化所（16.19%）和中科院化学所（15.25%）；

④ 聚合物结构与性能表征研究论文产出前三位的机构分别是北欧化工（20.00%）、四川大学（16.88%）和浙江大学（13.39%）。

（3）高频主题词聚类分析

利用 VOSviewer 分析工具，对研究领域论文作者关键词中出现的高频词作共现聚类，详见图 2-15。其中，圆圈越大，关键词出现词频越高，不同颜色代表不同类别。

① 热点主题（蓝色聚类）嵌段共聚物，主要包括：

➤ 聚合物、二嵌段共聚物、嵌段共聚、均聚物共混物、三嵌段共聚物；

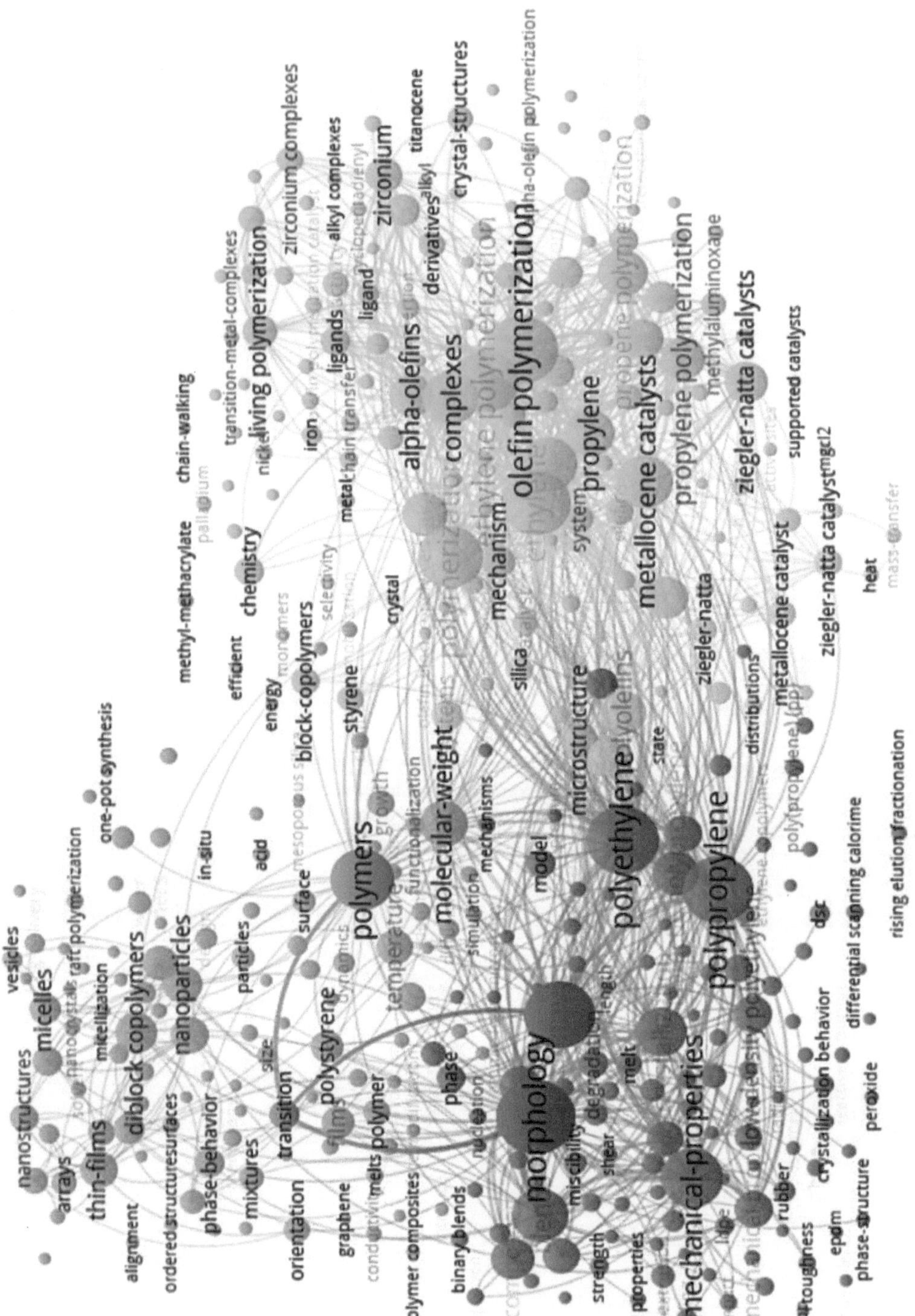

图 2-15 全球研究领域作者关键词聚类图谱

➤ 纳米颗粒、薄膜、微胶粒、纳米晶体、金纳米粒子、混合物、囊泡；

➤ raft 聚合、单点合成、转移自由基聚合、原位聚合、活性自由基聚合；

➤ 分子量、表面、阵列、取向、性能、固化成型、微相分离、形态、自组装、序列结构、功能化、吸附。

② 热点主题（绿色聚类）聚合与催化，主要包括：

➤ 乙烯聚合、烯烃聚合、聚合反应、共聚、活性聚合、链聚合；

➤ 乙烯、丙烯、α- 烯烃、聚丙烯、过渡金属混合物、配合物、配体；

➤ 茂金属催化剂、齐格勒 - 纳塔催化剂、助催化剂、茂钛化合物、催化剂结构、钛配合物、锆配合物、4 族茂金属；

➤ 微观结构、活化、晶体结构、分子结构、核磁共振、结构表征。

③ 热点主题（红色聚类）产品与性能，主要包括：

➤ 形态学、机理性能、性能、结晶、组分、相、模型、相容性、流变性、机械性能、抗冲、断裂韧性、韧性、强度、拉伸性能、变形、交联；

➤ 聚乙烯、聚丙烯、等规聚丙烯、共聚物、混合物、金属、原位聚合物、热塑性弹性体、高密度聚乙烯。

2.1.9 研究领域主要高被引论文

高端聚烯烃研究领域前十篇高影响力论文（SCI 高被引论文）见表 2-9。

2.1.10 小结

1981—2021 年期间，全球高端聚烯烃领域的研究发展历经萌芽、上升和趋于稳定三个阶段。约在 2000 年以后，全球在该领域的研究保持稳定产出状态，年发文量保持在 400 篇以上。近 10 年论文产出数量占全部论文总数的比例为 36.20%。

1981—2021 年期间，全球有 86 个国家开展了相关研究，论文产出前十的国家 / 地区分别为：美国、中国、德国、日本、加拿大、韩国、意大利、英国、法国和印度，前十国家发文总量占比总论文量 83.50%。总被引频次位居前五位的国家 / 地区分别是美国、德国、中国、日本和英国；篇均被引频次前五位的国家 / 地区分别是英国、美国、德国、加拿大和法国。在合作方面，前十位国家开展了广泛且密切的合作，合作方式有两两合作与多国合作两种模式。国家 / 地

表 2-9　高端聚烯烃研究领域热点论文

序号	题目	第一作者	来源期刊	引用次数	国家/地区
1	Polymerization-Induced Self-Assembly of Block Copolymer Nano-objects via RAFT Aqueous Dispersion Polymerization	Warren, NJ	《JOURNAL OF THE AMERICAN CHEMICAL SOCIETY》	710	英国
2	Mechanical and chemical recycling of solid plastic waste	Ragaert, K	《WASTE MANAGEMENT》	610	比利时
3	Mechanistic Insights for Block Copolymer Morphologies: How Do Worms Form Vesicles?	Blanazs, A	《JOURNAL OF THE AMERICAN CHEMICAL SOCIETY》	560	英国
4	FI Catalysts for Olefin Polymerization-A COmprehensive Treatment	Makio, H	《CHEMICAL REVIEWS》	448	日本
5	Multinuclear Olefin Polymerization Catalysts	Delferro, M	《CHEMICAL REVIEWS》	425	美国
6	Block copolymer based composition and morphology control in nanostructured hybrid materials for energy conversion and storage: solar cells, batteries, and fuel cells	Orilall, MC	《CHEMICAL SOCIETY REVIEWS》	403	美国
7	Polymerization-induced self-assembly of block copolymer nanoparticles via RAFT non-aqueous dispersion polymerization	Derry, MJ	《PROGRESS IN POLYMER SCIENCE》	385	英国
8	Aqueous Dispersion Polymerization: A New Paradigm for in Situ Block Copolymer Self-Assembly in Concentrated Solution	Sugihara, S	《JOURNAL OF THE AMERICAN CHEMICAL SOCIETY》	350	日本
9	Olefin Metathesis for Effective Polymer Healing via Dynamic Exchange of Strong Carbon-Carbon Double Bonds	Lu, YX	《JOURNAL OF THE AMERICAN CHEMICAL SOCIETY》	319	美国
10	Palladium and Nickel Catalyzed Chain Walking Olefin Polymerization and Copolymerization	Guo, LH	《ACS CATALYSIS》	310	中国

区间合作发文数量在 200 篇以上的有美国、中国、德国和加拿大。合作发文比例高于 25% 的有英国、法国和加拿大。

高端聚烯烃领域发文量前十位的机构分别是美国的陶氏，奥地利的北欧化工，中国的浙江大学、中科院化学所、中科院长春应化所，美国的马萨诸塞大学、埃克森美孚，日本的三井化学，加拿大的滑铁卢大学和中国的四川大学。总被引频次位于前五位的机构是陶氏、马萨诸塞大学、三井化学、滑铁卢大学和埃克森美孚；篇均被引频次位于前五位的机构是三井化学、马萨诸塞大学、陶氏、滑铁卢大学和埃克森美孚。在合作方面，有 9 家机构开展了较广泛合作，合作方式以两两合作为主，合作不限于本国境内。三井化学未与其他 9 家机构合作。整体来讲，陶氏、中科院化学所和浙江大学合作范围较广、合作力度较大。

高端聚烯烃领域自 20 世纪 90 年代开始，持续有新的研究人员和新的研究主题词进入，整体呈现波动上升趋势。前十的高词频主题词分别是：聚丙烯、聚乙烯、嵌段共聚物、茂金属催化剂、茂金属、聚烯烃、聚合、性能、形态结构和混合等。该领域高词频主题词集中在聚合物与产品、聚合催化剂、聚合反应与工艺方法、聚合物结构与性能表征 4 个主题类别，论文产出前十国家 / 地区、前十机构对 4 个主题类别均有涉及，各国布局相近，各机构布局相近，国家与机构的研究均集中在聚合物与产品主题。

由学科方向分布分析可知，高端聚烯烃研究主要分布在高分子科学、物理化学、化学 - 多学科、材料科学 - 多学科、工程化学、化学 - 无机与核、有机化学、纳米科学与纳米技术、应用物理学、材料科学 - 复合材料方向，高分子材料领域的论文量高达 6982 篇，占比总论文量的 56.54%。发文最多的三个期刊为《MACROMOLECULES》《JOURNAL OF APPLIED POLYMER SCIENCE》《POLYMER》；发文影响因子最高的三个期刊为《JOURNAL OF THE AMERICAN CHEMICAL SOCIETY》《MACROMOLECULES》《EUROPEAN POLYMER JOURNAL》。

2.2
高端聚烯烃主要研究方向态势分析

根据研究内容与研究主题，将全球高端聚烯烃领域论文分为聚合催化剂、聚合反应与工艺方法、聚合物共混与改性、聚合物结构与性能表征、聚合物应用5个主题研究方向，并分析各主题领域发文年代分布、全球发文量前十国家/地区对5个主题研究方向的布局、全球发文量前十机构对5个主题研究方向的布局，进一步对聚合催化剂、聚合反应与工艺方法两个"卡脖子"研究方向进行了国家/地区分布、机构分布与合作分析。

2.2.1　高端聚烯烃主要研究方向论文发展趋势

从SCIE检索结果看，20世纪90年代初期之前，聚合物5个研究方向的研究发展缓慢，各领域年发文量均未超过40篇。自90年代初期开始，持续到21世纪初，各研究方向发文逐渐增多。其中，聚合反应与工艺方法、聚合催化剂两个研究方向发展较快；聚合物共混与改性、聚合物结构与性能表征发展速度次之；聚合物应用变化不大。约从2003年开始，各研究方向发展进入平缓期：聚合反应与工艺方法发文量呈波动上升趋势，上升幅度较小；聚合物共混与改性、聚合物结构与性能表征和聚合物应用发文量趋于稳定；聚合催化剂发文量呈下降趋势。见图2-16。

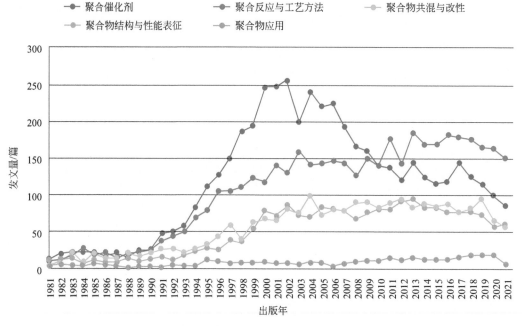

图2-16　高端聚烯烃主要研究方向全球发文年代分布

2.2.2　高端聚烯烃主要研究方向国家 / 地区分布

遴选高端聚烯烃研究领域论文产出前十位的国家 / 地区，分析各国对聚合物 5 个研究方向的研究分布（图 2-17）发现：

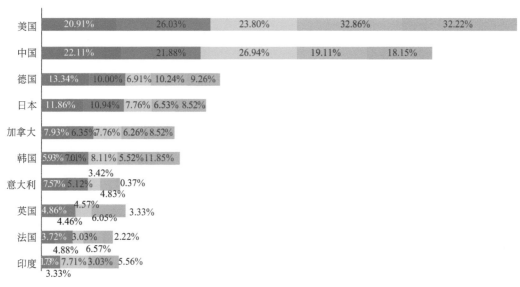

图 2-17　高端聚烯烃领域全球前十位国家 / 地区主要研究方向分布

① 聚合催化剂研究论文产出前三位的国家 / 地区分别中国（22.11%）、美国（20.91%）和德国（13.34%）；

② 聚合反应与工艺方法研究论文产出前三位的国家 / 地区分别是美国（26.03%）、中国（21.88%）和日本（10.94%）；

③ 聚合物共混与改性研究论文产出前三位的国家 / 地区分别是中国（26.94%）、美国（23.80%）和韩国（8.11%）；

④ 聚合物结构与性能表征研究论文产出前三位的国家 / 地区分别是美国（32.86%）、中国（19.11%）和德国（10.24%）；

⑤ 聚合物应用研究论文产出前三位的国家 / 地区分别是美国（32.22%）、中国（18.15%）和韩国（11.85%）。

2.2.3　高端聚烯烃主要研究方向研究机构分布

遴选高端聚烯烃研究领域论文产出全球前十的机构，分析各机构对聚合物

5 个研究方向的分布（图 2-18）发现：

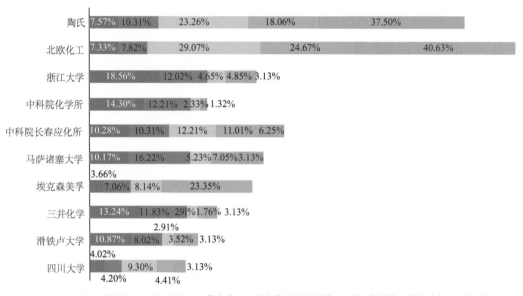

图 2-18　高端聚烯烃领域全球前十位机构主要研究方向分布

　　① 聚合催化剂研究论文产出前三位的机构分别是浙江大学（18.56%）、中科院化学所（14.30%）和三井化学（13.24%）；

　　② 聚合反应与工艺方法研究论文产出前三位的机构分别是马萨诸塞大学（16.22%）、中科院化学所（12.21%）和浙江大学（12.02%）；

　　③ 聚合物共混与改性研究论文产出前三位的机构分别是北欧化工（29.07%）、陶氏（23.26%）和中科院长春应化所（12.21%）；

　　④ 聚合物结构与性能表征研究论文产出前三位的机构分别是北欧化工（24.67%）、埃克森美孚（23.35%）和陶氏（18.06%）；

　　⑤ 聚合物应用研究论文产出前三位的机构分别是北欧化工（40.63%）、陶氏（37.50%）和中科院长春应化所（6.25%）。

2.2.4　聚合催化剂研究方向国家 / 地区与机构分布及合作

　　分析聚合催化剂研究方向的国家 / 地区分布发现，全球有 63 个国家 / 地区开展了聚合催化剂相关研究，论文产出前十的国家 / 地区分别为中国、美国、德国、日本、加拿大、意大利、俄罗斯、韩国、英国和荷兰，这 10 个国家发文量占聚合催化剂研究方向总论文量的 82.90%。见图 2-19。

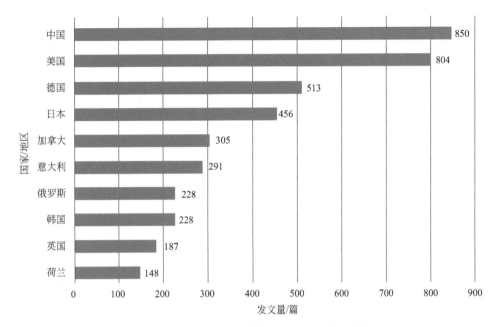

图 2-19 聚合催化剂全球发文量前十位国家 / 地区

分析聚合催化剂研究方向发文量前十位国家 / 地区发文趋势（图 2-20）可知：

① 1981—2021 年期间，德国、意大利、俄罗斯最早开始相关研究。其中，美国自 1982 年开始，处于持续产出状态。

② 进入 20 世纪 90 年代中期后，多数国家在聚合催化剂领域的研究呈持续产出状态。

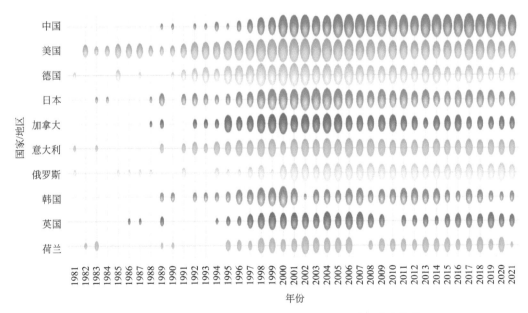

图 2-20 聚合催化剂全球发文量前十位国家 / 地区发文趋势

③ 中国在该领域的研究近年来发展较快，美国、德国、日本和加拿大的研究在 21 世纪初期发展较快。

分析聚合催化剂研究方向发文量前十位国家 / 地区相互间的合作情况可知，前十位国家 / 地区相互间开展了广泛且密切的合作，合作方式有两两合作与多国合作模式。发文数量位于前三位的国家 / 地区的合作情况：中国与日本、美国、英国和加拿大合作密切；美国与中国、加拿大、意大利和德国合作密切；德国与美国、荷兰、芬兰和俄罗斯合作密切。见图 2-21。

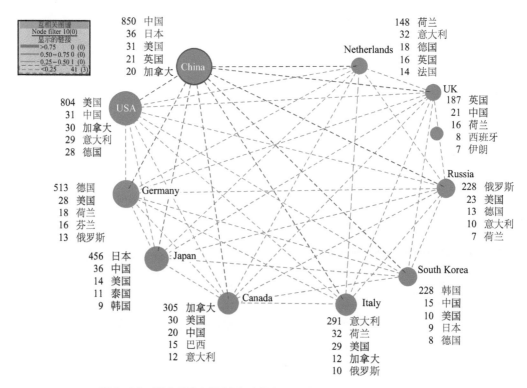

图 2-21　聚合催化剂领域全球发文量前十位国家 / 地区合作关系

对聚合催化剂研究方向的全球研究机构进行分析发现，发文量前十位的研究机构分别是中国的浙江大学、中科院化学所、日本三井化学、加拿大滑铁卢大学、中科院长春应化所、美国马萨诸塞大学、德国汉堡大学、俄罗斯科学院 Boreskov 催化研究所、俄罗斯科学院化学物理研究所和意大利萨勒诺大学。这 10 家机构中，有 5 家为高校，4 家为科研院所，1 家为企业。见表 2-10。

发文量前十位机构相互间合作发文情况：中科院化学所与中科院长春应化所合作发文 2 篇，俄罗斯科学院 Boreskov 催化研究所和俄罗斯科学院化学物理研究所合作发文 1 篇，剩余 6 家机构未在前十位机构间开展合作。见图 2-22。

表 2-10 聚合催化剂研究方向全球前十位机构论文产出

序号	机构	发文量 / 篇
1	浙江大学	157
2	中科院化学所	121
3	三井化学	112
4	滑铁卢大学	92
5	中科院长春应化所	87
6	马萨诸塞大学	86
7	汉堡大学	71
8	俄罗斯科学院 Boreskov 催化研究所	67
9	俄罗斯科学院化学物理研究所	65
10	萨勒诺大学	65

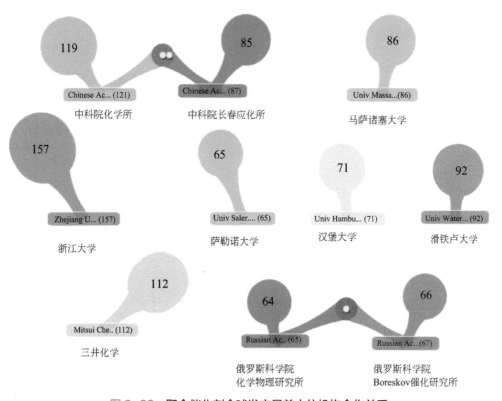

图 2-22 聚合催化剂全球发文量前十位机构合作关系

2.2.5 聚合反应与工艺方法研究方向国家/地区与机构分布及合作

分析聚合反应与工艺方法研究方向的国家/地区分布发现，全球有 68 个国家/地区开展了聚合反应与工艺方法相关研究，发文量位于前十位的国家/地区分别为美国、中国、日本、德国、韩国、加拿大、意大利、法国、英国和荷兰，这 10 个国家/地区发文量占聚合反应与工艺方法研究方向总论文量比例为 88.35%。见图 2-23。

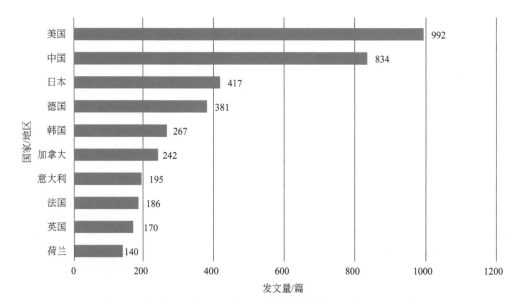

图 2-23 聚合反应与工艺方法全球发文量前十位国家/地区

从聚合反应与工艺方法研究方向前十位国家/地区发文趋势（图 2-24）可以看出：

① 意大利和法国最早开始相关研究，美国 1982 年开始相关研究，并处于持续产出状态；

② 自 20 世纪 90 年代末开始，前十位国家/地区在聚合反应与工艺方法领域的研究呈持续产出状态；

③ 近年来，上升迅猛的有中国和美国。

分析聚合反应与工艺方法研究方向发文量前十位国家/地区相互间的合作情况可知，前十位国家/地区相互间开展了广泛且密切的合作，合作方式有两两合作与多国合作模式。发文数量位于前三位的国家/地区的合作情况：美国与中国、韩国、德国和日本合作密切；中国与美国、加拿大、日本和德国合作密切；日本与美国、中国、法国和韩国合作密切。见图 2-25。

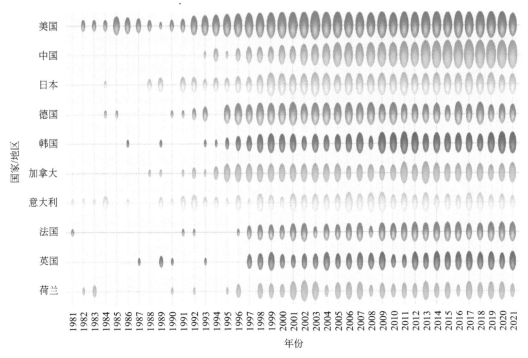

图 2-24　聚合反应与工艺方法全球发文量前十位国家 / 地区发文趋势

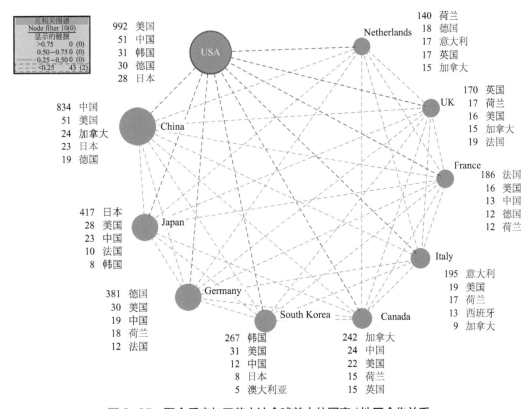

图 2-25　聚合反应与工艺方法全球前十位国家 / 地区合作关系

对聚合反应与工艺方法研究方向的全球研究机构进行分析发现，发文量位于前十位的研究机构分别是马萨诸塞大学、中科院化学所、汉堡大学、浙江大学、三井化学、西北大学（美国）、陶氏、中科院长春应化所、东京工业大学和麻省理工学院（MIT）。这 10 家机构中，有 6 家为高校，2 家为科研院所，2 家为企业。见表 2-11。

表 2-11　聚合反应与工艺方法研究方向全球发文量前十位机构

序号	机构	发文量 / 篇
1	马萨诸塞大学	85
2	中科院化学所	65
3	汉堡大学	63
4	浙江大学	63
5	三井化学	62
6	西北大学（美国）	55
7	陶氏	55
8	中科院长春应化所	54
9	东京工业大学	54
10	麻省理工学院	51

前十位机构相互间合作发文情况：聚合反应与工艺方法研究方向发文量排名前十位的机构均展开了机构间合作。合作模式有两两合作和多机构合作，合作方式有国内合作与国际合作。见图 2-26。

发文数量位于前三位的机构的合作情况：马萨诸塞大学与汉堡大学、麻省理工学院和浙江大学开展了合作；中科院化学所与中科院长春应化所、浙江大学和陶氏开展了合作；汉堡大学与马萨诸塞大学开展了合作。

合作机构数量达三家的机构有马萨诸塞大学、浙江大学、中科院化学所；合作机构数量达两家的机构有中科院长春应化所和陶氏。

2.2.6　小结

1981—2021 年期间，高端聚烯烃领域内聚合催化剂、聚合反应与工艺方法、聚合物共混与改性、聚合物结构与性能表征、聚合物应用五个研究方向发

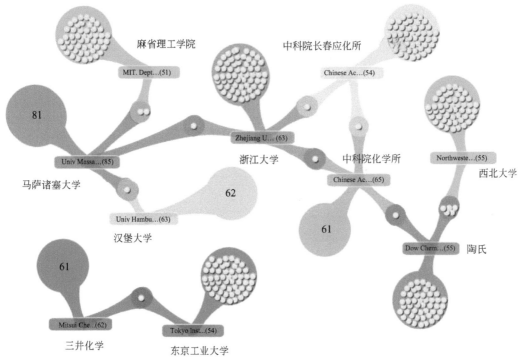

图 2-26 聚合反应与工艺方法全球前十位机构合作关系

文量呈上升发展趋势。聚合催化剂、聚合反应与工艺方法发展最快，聚合物共混与改性、聚合物结构与性能表征次之，聚合物应用研究发展最为缓慢。

高端聚烯烃领域全球发文量位于前十位的国家/地区在高端聚烯烃五个研究方向上布局相近，以聚合反应与工艺方法、聚合催化剂为重点研究方向，聚合物共混与改性、聚合物结构与性能表征次之，聚合物应用占比较少。高端聚烯烃领域论文产出全球前十的机构对高端聚烯烃五个研究方向的布局各有侧重，整体来讲，聚合催化剂、聚合反应与工艺方法、聚合物共混与改性、聚合物结构与性能表征占比较高，聚合物应用占比较少。

1981—2021 年期间，全球有 63 个国家开展了聚合催化剂相关研究，有 68 个国家开展了聚合反应与工艺方法相关研究。聚合催化剂研究方向论文产出前十的国家/地区分别为：中国、美国、德国、日本、加拿大、意大利、俄罗斯、韩国、英国和荷兰，前十位国家间开展了广泛且密切的国际合作。聚合反应与工艺方法研究方向论文产出前十的国家/地区分别为：美国、中国、日本、德国、韩国、加拿大、意大利、法国、英国和荷兰，前十位国家间开展了广泛且密切的国际合作。整体来说，中国、美国和德国在聚合催化剂、聚合反应与工艺方法研究方向竞争力高于其他国家。

聚合催化剂研究方向发文量前十位的机构分别是中国的浙江大学、中科院化学所、日本三井化学、加拿大滑铁卢大学、中科院长春应化所、美国马萨诸塞大学、德国汉堡大学、俄罗斯科学院 Boreskov 催化研究所、俄罗斯科学院化学物理研究所和意大利萨勒诺大学。前十位机构间相互合作发文较少，仅中科院化学所与中科院长春应化所合作发文 2 篇，俄罗斯科学院 Boreskov 催化研究所和俄罗斯科学院化学物理研究所合作发文 1 篇，其余 6 家机构未在前十位机构间开展合作。聚合反应与工艺方法研究方向发文量前十位的机构分别是马萨诸塞大学、中科院化学所、汉堡大学、浙江大学、三井化学、西北大学（美国）、陶氏、中科院长春应化所、东京工业大学和麻省理工学院。前十位机构相互间合作较为密切，合作模式有两两合作和多机构合作，合作方式有国内合作与国际合作。

第 3 章
CHAPTER

高端聚烯烃行业研发态势分析

本章以 SCIE 专利检索结果为数据源，基于文献计量方法，结合 DDA 和 Orbit 分析工具，对全球高端聚烯烃行业研发技术专利趋势和布局进行分析，对高端聚烯烃领域的聚合物和聚合工艺方法、聚合催化剂、聚合物改性与加工重点技术进一步剖析，梳理了行业专利申请趋势、国家地区分布、申请人、专利技术构成，专利法律状态，以及高被引核心专利和在华专利现状，旨在从全球和客观数据视角，为我国高端聚烯烃行业及相关研发者提供可借鉴的参考依据。

3.1
高端聚烯烃行业专利分析

3.1.1 专利申请趋势分析

1981—2021 年全球高端聚烯烃行业的同族专利申请共检出 18226 项。从全球高端聚烯烃行业的同族专利申请年统计（见图 3-1）可以看出，在 20 世纪 80

图 3-1 全球及中国专利申请趋势

年代相关专利申请相对平稳，专利申请量在 187 ～ 368 项，是技术发展期。90 年代初，Exxon Mobil 将茂金属催化剂应用于乙烯与 1- 辛烯的工业化生产，Dow 报道了限制几何构型催化剂，成功开发了乙烯与 1- 辛烯弹性体。全球重要的高端聚烯烃企业在聚合催化剂、聚合物和聚合工艺方法，以及聚合物改性与加工方面研发与工业化产品进入市场，全球高端聚烯烃专利申请量快速增长，从 423 项上升到 980 项，2000 年达到第一个申请高峰 1013 项。2001—2014 年间有所降低，在 755 ～ 954 项专利震荡，2015—2020 年，专利年申请量突破 1104 项后，再次进入较快增长阶段，年专利申请量维持在 953 ～ 1240 项（2021 年数据暂不包括）。近十年的专利申请量占比专利申请总量为 35.12%，进入了全面应用期。

中国在高端聚烯烃行业的专利申请 1984 年出现，2005 年之前，发展较为缓慢，专利年申请量在 1 ～ 64 项。2006—2012 年间，专利申请量逐渐增加，在 90 ～ 166 项，处于技术发展期。2013 年突破 258 项后，专利申请量增长较快并持续增长，年专利申请量维持在 311 ～ 722 项（因专利实审周期，2021 年数据暂不纳入统计）。近十年的中国专利申请量占比其专利申请总量为 79.44%，中国专利申请量占比全球专利申请量为 40.25%。从申请趋势看，2013—2020 年间中国专利申请趋势与全球拓展期的专利申请趋势大致相同，增速更快，从整体趋势看，中国正处于高端聚烯烃相关技术的技术拓展期。

3.1.2 专利国家 / 地区分析

最早优先权国家 / 地区在一定程度上反应相关技术的来源国家 / 地区，从高端聚烯烃专利技术的来源国家 / 地区分析来看（见图 3-2），专利申请来源的前五位是日本、美国、中国、欧专局和韩国，其专利占比分别为 27.15%、18.26%、15.55%、11.19% 和 9.06%，前五位国家 / 地区专利数量占比专利总数量的 81.21%。

专利公开国家 / 地区在一定程度上反应技术最终流入的市场，从高端聚烯烃专利技术的市场分布看，最受重视目标市场的前四位国家 / 地区是日本、美国、中国和欧专局，其专利占比分别为 15.87%、11.49%、11.32% 和 11.07%，专利数量占比专利总数量的 49.75%，同时 PCT（专利合作条约）专利申请占比 10.00%，说明高端聚烯烃专利技术注重全球布局。

最早优先权国家 / 地区前五位的是日本、美国、中国、欧专局和韩国（见图 3-3），其专利申请量分别为 6891 项、4636 项、3947 项、2841 项和 2686 项，

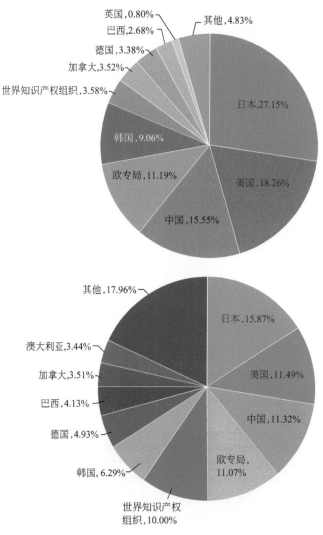

图 3-2　专利申请来源（上）和专利公开（下）国家 / 地区分布

对其专利申请时间分布进行分析可以看出，日本和美国起步早，日本专利申请稳步增加，2000 年以后略有减少，日本维持在 100 项以上，美国维持在 200 项以上。欧洲专利申请年申请量增速低于日本和美国，但持续增长，2006 年和 2009 年专利申请数量分别超过日本和美国。韩国和中国起步晚，但韩国 2006年突破 147 项后，持续增长保持 195 ～ 319 项。中国在 2007 年申请量突破 107项后，呈现出持续快速增长，远高于其他国家 / 地区，近十年专利申请量占比总量的 80.82%。

专利公开国家 / 地区前五位的是日本、美国、中国、欧专局和世界知识产权组织（见图 3-4），其专利公开数量分别为 10948 项、7927 项、7810 项、7638 项和 6899 项，对其专利公开时间分布进行分析可以看出，2006 年以前，

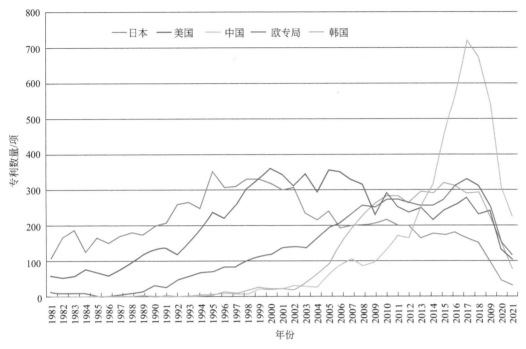

图 3-3　前五位最早优先权国家 / 地区专利申请趋势

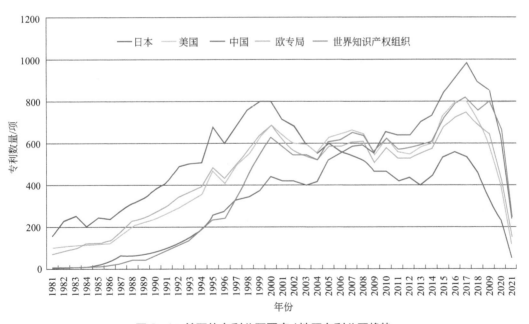

图 3-4　前五位专利公开国家 / 地区专利公开趋势

在日本、美国和欧专局的专利公开超过中国；2007 年，在中国公开的专利超过了日本；2009 年，在中国公开的专利同时超过美国和欧专局，说明中国已经成为高端聚烯烃专利最受重视的市场。同时 PCT 专利公开持续快速增长，说明高端聚烯烃专利技术注重全球布局。

3.1.3 主要专利权人分析

全球高端聚烯烃专利申请前十位专利权人是：日本三井化学、奥地利北欧化工、美国陶氏、荷兰利安德巴塞尔集团、美国埃克森美孚、日本住友化学集团、中国石化集团、日本三菱化学集团、韩国 LG 化学，以及日本出光兴产株式会社（见图 3-5）。

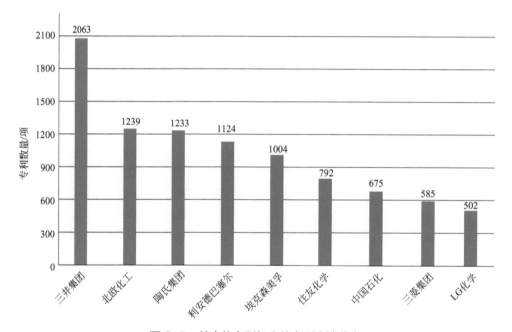

图 3-5 前十位专利权人的专利申请分布

前十位专利权人均为企业集团，其中日本企业 4 家，日本三井化学专利数量位居第一，较大幅度领先于其他专利权人，具有明显优势。美国企业 2 家，荷兰、奥地利、中国和韩国各 1 家企业。从所属国家分布可以看出，日本和美国企业在高端聚烯烃行业专利技术方面占据主导地位。

前五位专利权人三井化学、北欧化工、陶氏、利安德巴塞尔、埃克森美孚专利申请量分别为 2063 项、1239 项、1233 项、1124 项和 1004 项，对其专利申请时间分布分析（见图 3-6）可以看出：

图 3-6　前五位专利权人的专利申请趋势

① 三井化学的专利申请起步早，1999 年达到峰值后，呈现出波动下降趋势。

② 位居第二的北欧化工专利申请从 20 世纪 80 年代后期起步，逐步增长，尤其是 2008 年专利申请量达到 118 项后，超过其他四个专利申请人，专利数量快速提升并维持在 118 ～ 196 项。

③ 位居第三的陶氏专利申请起步早，稳步增长，2000 年达到第一次申请高峰，2001—2014 年有所降低后，震荡向上，2015—2020 年快速增长，专利申请数量维持在 117 ～ 184 项。

④ 位居第四的利安德巴塞尔专利申请从 20 世纪 80 年代后期起步，快速增长，1999—2008 年专利申请量维持在 100 项以上，之后震荡下降。

⑤ 位居第五的埃克森美孚专利申请起步早，1995 年达到 84 项峰值后，震荡下降至 2015 年的 15 项，之后又逐渐回升。

3.1.4　专利技术构成

对高端聚烯烃领域专利申请国际专利分类号及相关技术内容进行分析，从专利申请排名前十位的 IPC 分类（表 3-1）可以看出，相关研发主要集中在：

表 3-1　高端聚烯烃领域前十位 IPC 技术构成

序号	IPC	专利量 / 项	含义
1	C08F-010/00	8823	烯烃反应得到的均聚物或共聚物
2	C08L-023/08	6087	烯烃反应得到的均聚物或共聚物的组合物（包括改性或未改性）
3	C08F-210/16	5920	乙烯与 α- 链烯或烯烃反应得到的共聚物
4	C08F-004/64	5446	选自钛、锆、铪及其化合物，或含金属有机化合物作为母体的聚合催化剂
5	C08F-004/65	5022	含 1 个环戊二烯环，或含 1 个过渡金属 - 碳键组分，或预处理的过渡金属聚合催化剂
6	C08F-110/02	2329	乙烯、丙烯、丁烯、含 5 个或更多碳原子单体，以及烯烃反应得到的均聚物
7	C08J-005/18	1872	高分子薄膜、增强制品或成形材料的制造、加工或后处理
8	C08F-002/00	1734	聚合工艺过程
9	B01J-031/00	1638	含配体有机络合物催化剂
10	C08F-004/02	1611	聚合催化剂载体

① 聚烯烃：乙烯、丙烯、丁烯、含 5 个或更多碳原子单体或 α- 链烯或烯烃反应得到的均聚物、共聚物或组合物（改性或未改性）。

② 催化剂：含配体有机络合物催化剂、含有机配体络合物的茂金属或过渡金属聚合催化剂、催化剂载体等。

③ 聚合工艺过程：如气相、液相聚合等。

④ 加工应用：高分子薄膜、增强制品或成形材料的制造、加工或后处理。

3.1.5　专利技术主题分析

为了直观了解高端聚烯烃领域专利申请的技术方向，采用专利地图对专利技术主题聚类分析（见图 3-7），技术主题分布如下：

① 聚合物和聚合工艺方法（绿色）技术主题包括：烯烃多嵌段共聚物、聚乙烯和聚丙烯多相共聚物 / 均聚物、无规共聚物、高密度 / 超高分子量聚乙烯、高密度聚丙烯、淤浆、气相、高压、循环、流化床聚合反应器等。

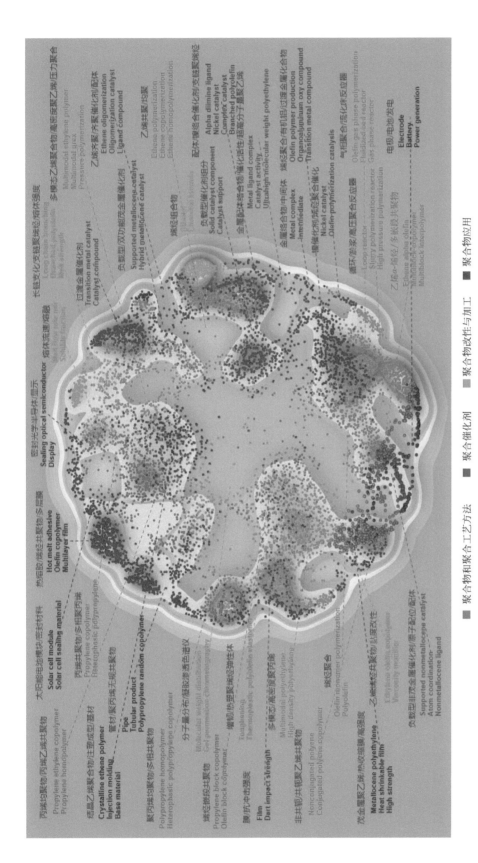

丙烯均聚物/丙烯乙烯共聚物 Propylene ethylene copolymer Propylene homopolymer

长链支化支链聚烯烃熔体强度 Long chain branching Branched polyolefin Melt strength

密封光学半导体显示 Sealing optical semiconductor Display

多模态乙烯聚合物/高密度反应聚乙烯/压力聚合 Multimodal ethylene polymer Multimodal HDPE Pressure polymerization

乙烯齐聚/齐聚催化剂/配体 Ethene oligomerization Oligomerization catalyst Ligand compound

配体/锆络合物催化剂/支链聚烯烃 Alpha diimine ligand Nickel catalyst Complex catalyst Branched polyolefin

乙烯共聚/均聚 Ethene polymerization Ethene copolymerization Etheni homopolymerization

烯烃组合物 Olefin polymer

热熔胶/烯烃共聚物/密封材料 Hot melt adhesive Olefin copolymer Multilayer film

过渡金属催化剂 Transition metal catalyst Catalyst compound

结晶乙烯聚合物/注塑成型/基材 Crystalline ethene polymer Injection molding Base material

熔体流速熔融指数 Solid olefin

负载型双功能茂金属催化剂 Supported metallocene catalyst Hybrid metallocene catalyst

镍催化剂/烯烃聚合反应器 Nickel catalyst Olefin polymerization catalysis

负载型催化剂组分 Solid catalyst component Catalyst support

金属络合物中间体 Metal complex Intermediate

气相聚合/流化床反应器 Olefin gas phase polymerization Fluidized bed reactor Gas phase reactor

金属双功能茂金属催化剂 Metal ligand complex Catalyst activity Ultrahigh molecular weight polyethylene

有机铝氧化物/过渡金属化合物 Olefin polymer production Organoaluminum oxy compound Transition metal compound

丙烯共聚物/多相聚丙烯 Propylene copolymer Heterophasic polypropylene

太阳能电池模块密封材料 Solar cell module Solar cell sealing material

管材/聚丙烯无规共聚物 Pipe Tubular product Polypropylene random copolymer

聚丙烯均聚物/多相共聚物 Polypropylene homopolymer Heterophasic polypropylene copolymer

分子量分布/凝胶渗透色谱仪 Molecular weight distribution Gel permeation chromatography

膜/抗冲塑聚烯烃弹性体 Toughening Thermoplastic polyolefin elastomer

多模态高密度聚丙烯 Multimodal polyethylene High density polyethylene

乙烯/碳烃α-烯烃共聚物 Ethene alpha olefin Multiblock co-copolymer Multiblock interpolymer

电极/电池发电 Electrode Battery Power generation

循环浆液/高压聚合反应器 Loop reactor Slurry polymerization reactor High pressure polymerization

烯烃聚段共聚物 Propylene block copolymer Olefin block copolymer

非共轭共烃乙烯共聚物 Nonconjugated polyene Conjugated polyene copolymer

烯烃单体聚合/聚烯烃 Olefin monomer polymerization Polyolefin

粘度改性 Ethylene olefin copolymer Viscosity modifier

膜/抗冲击强度 Film Dart impact strength

茂金属聚乙烯/热收缩膜/高强度 Metallocene polyethylene Heat shrinkable film High strength

负载型非茂金属催化剂/原子配位配体 Supported nonmetallocene catalyst Atom coordination Nonmetallocene ligand

■ 聚合物和聚合工艺方法　　■ 聚合催化剂　　■ 聚合物改性与加工　　■ 聚合物应用

图3-7　全球专利技术主题聚类分析

CHAPTER3

② 聚合催化剂（蓝色）技术主题包括：负载型 / 双功能茂金属催化剂、负载型非茂金属催化剂、过渡金属催化剂、有机铝 / 镍聚合催化剂等过渡金属催化剂、金属配体络合物 / 中间体、配体化合物、催化活性等。

③ 聚合物改性与加工（黄色）技术主题包括：分子量分布、热塑聚烯烃弹性体增韧、乙烯烯烃共聚物黏度改性、支链聚烯烃的熔体流速、熔体强度、烯烃组合物等。

④ 聚合物应用（红色）热点技术主题包括：太阳能电池模块、密封胶、热熔胶、多层膜、包装、电极、电池、发电、高强度热收缩膜、抗冲击膜、基材、管材管，以及密封光学半导体及显示等。

3.1.6 国家 / 地区及专利权人技术布局

从国家层面，分析专利申请量排名前五位国家 / 地区的技术构成布局（见图 3-8）可以看出：

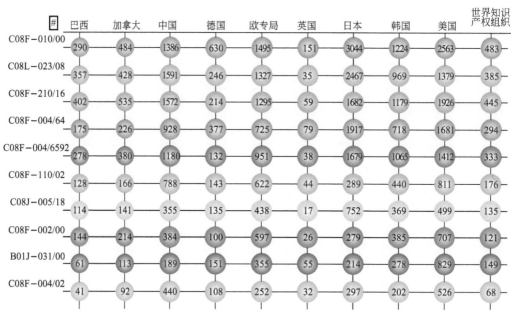

图 3-8 专利申请量前十位国家 / 地区技术构成分布

① 聚合物和聚合工艺方法（C08F-010/00、C08F-210/16、C08F-110/02、C08F-002/00）前三位的国家是：美国、日本和中国；

② 聚合催化剂（C08F-004/64、C08F-004/65、C08F-004/02、B01J-031/00）前三位的国家是：美国、日本和中国；

③ 聚合物改性与加工（C08L-023/08、C08J-005/18）前三位的国家是：日本、中国和美国。

从专利权人层面，分析专利申请量排名前十位专利权人的技术构成布局（见图3-9）可以看出：

① 聚合物和聚合工艺方法（C08F-010/00、C08F-210/16、C08F-110/02、C08F-002/00）前三位的申请人是：三井化学、北欧化工和利安德巴塞尔；

② 聚合催化剂（C08F-004/64、C08F-004/65、C08F-004/02、B01J-031/00）前三位的申请人是：三井化学、利安德巴塞尔和埃克森美孚；

③ 聚合物改性与加工（C08L-023/08、C08J-005/18）前三位的申请人是三井化学、北欧化工和利安德巴塞尔。

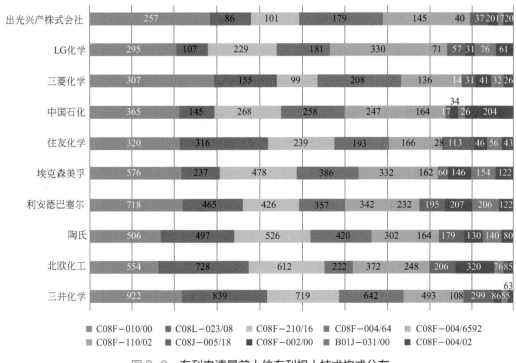

图 3-9　专利申请量前十位专利权人技术构成分布

3.1.7　高被引核心专利分析

从高被引专利分析（见表3-2）可以看出：前十项高被引专利被引次数范围是 477 ~ 1652 次，专利家族数量范围是 11 ~ 53 个，均为 PCT 专利，其中位居高被引之首的核心专利是 1991 年陶氏专利 "Elastic substantially linear olefin polymers - with processability similar to high branched LDPE but strength and

表 3-2　全球高端聚烯烃前十项高被引专利

序号	专利名称	专利号	申请人	国家①	被引次数
1	Elastic substantially linear olefin polymers – with processability similar to high branched LDPE but strength and toughness of LLDPE	WO9308221-A2; US5272236-A; US5278272-A; FI9401727-A; EP608369-A1; JP6306121-A; US5380810-A; JP7500622-W; WO9308221-A3; US5525695-A; TW279867-A; CN1093716-A; EP608369-B1; DE69220077-E; EP783006-A2; EP783006-A3; US5665800-A; DE9219090-U1; ES2103976-T3; EP783006-B1; EP899278-A2; EP899279-A2; DE69228265-E; DE9219173-U1; ES2127030-T3; JP2963199-B2; US6060567-A; KR262024-B1; KR263803-B1; US2001041776-A1; US6348555-B1; TW448186-A; US6548611-B2; FI200300362-A; US2003120004-A1; FI112663-B1; US2004082741-A1; US6737484-B2; US6849704-B2; CN1078214-C; US2005131170-A1; CA2120766-C; EP899278-A3; EP899279-A3	陶氏 (DOWC-C); LAI S (LAIS-Individual); KNIGHT G W (KNIG-Individual); WILSON J R (WILS-Individual); STEVENS J C (STEV-Individual); CHUM P S (CHUM-Individual)	美国	1652

序号	专利名称	专利号	申请人	国家[①]	被引次数
2	Metal coordination complex with constrained geometry – used as catalyst to form new addn. polymers	P416815–A; AU9062039–A; NO9003797–A; FI904276–A; CA2024333–A; JP3163088–A; BR9004460–A; CN1049849–A; HU59423–T; ZA9006969–A; NZ235032–A; EP416815–A3; IL95542–A; NO9303289–A; NO9303290–A; AU645519–B; HU209316–B; RO106410–B1; NO176964–B; JP7053618–A; JP7070223–A; NO9504469–A; NO179043–B; JP2535249–B2; JP2623070–B2; EP416815–B1; DE69031255–E; NO301376–B1; ES2106020–T3; JP2684154–B2; US5703187–A; US6013819–A; US6075077–A; KR181710–B1; KR191226–B1; KR191380–B1; CZ9004259–A3; CZ9902974–A3; NO309002–B1; CA2024333–C; CZ287606–B6; CZ287632–B6; SG81879–A1; FI109422–B1; US2002128403–A1; EP774468–B1; US2003065203–A1; US6686488–B2; US6806326–B2; US6858557–B1; US6884857–B1; CN1029850–C; EP774468–A3	陶氏（DOWC–C）; STEVENS J C (STEV–Individual); ROSEN R K (ROSE–Individual); WILSON D R (WILS–Individual)	美国	738

CHAPTER3

序号	专利名称	专利号	申请人	国家[①]	被引次数
3	Olefin polymerisation catalyst – comprises metallocene and an alum-oxane reacted together on support	EP206794-A; AU8658914-A; JP61296008-A; NO8602447-A; DK8602924-A; FI8602625-A; BR8602880-A; HU42103-T; ZA8604568-A; ES8802395-A; US4808561-A; US4897455-A; CA1268754-A; CS8604580-A; AU9170079-A; IL79169-A; EP206794-B1; DE3689244-G; KR9400788-B1; JP2556969-B2; EP206794-B2	埃克森美孚 (ESSO-C)	美国	723
4	Catalyst system for enhanced prodn. of polyolefin(s) – comprising an ionic metallocene catalyst and an additive which neutralises deactivators of the ionic metallocene active sites	WO9114713-A; US5153157-A; EP521908-A1; US5241025-A; JP5505838-W; EP521908-B1; DE69120667-E; ES2089201-T3; JP2989890-B2; CA2078665-C; EP521908-B2	埃克森美孚 (ESSO-C)	美国	719

序号	专利名称	专利号	申请人	国家^①	被引次数
5	Olefin polymerisation catalysts – comprising Gp=IVB metal cpd. and alumoxane, gives high mol. wt. polymers	EP420436-A; WO9104257-A; AU9062483-A; NO9003928-A; CA2024899-A; FI9004506-A; PT95272-A; AU9064439-A; HU55791-T; JP3188092-A; BR9004537-A; US5055438-A; FI9201077-A; EP491842-A1; NO9200971-A; BR9007642-A; DD300233-A5; US5168111-A; JP5505593-W; AU643237-B; NO9503466-A; NO178891-B; NO178895-B; EP420436-B1; DE69028057-E; ES2091801-T3; EP491842-B1; DE69030442-E; HU214667-B; MX187048-A; JP2994746-B2; EP420436-B2; IL119415-A; KR190735-B1; NO309657-B1; CA2065745-C; FI109705-B1; CA2024899-C; FI113538-B1; US2006178491-A1; US7205364-B1; US7569646-B1	埃克森美孚 (ESSO-C); CANICH J A M (CANI-Individual); CANICH J A M (CANI-Individual)	美国	667

序号	专利名称	专利号	申请人	国家[①]	被引次数
6	Catalyst for reactor blend polymer prodn. – comprises at least two metal cyclopentadienyl cpds. and alumoxane	EP128046-A; AU8429107-A; NO8402255-A; JP60035006-A; ZA404238-A; ES8604994-A; EP128046-B; DE3466880-G; CA1231702-A; US4937299-A; JP5310831-A; JP2663313-B2	埃克森美孚 (ESSO-C)	美国	545
7	Polymerisation of alpha-olefin! cpd(s). in fluidised bed – by using bulky ligand transition metal catalyst in reactor operated in condensed mode	WO9425497-A1; AU9467127-A; US5405922-A; EP696293-A1; JP8509773-W; TW292286-A; AU681147-B; CN1130913-A; EP970971-A2; RU2125063-C1; EP696293-B1; DE69424665-E; ES2148327-T3; MX193473-B; CA2161448-C; EP970971-B1; DE69433579-E; ES2212443-T3; US5405922-C1; JP2006241467-A; JP4191748-B2; EP696293-B2; EP970971-B2; CN101671411-A; ES2148327-T5; ES2212443-T5; EP970971-A3; KR303368-B1	埃克森美孚 (ESSO-C); 尤尼威蒂恩公司 (UNVN-C)	美国	512

序号	专利名称	专利号	申请人	国家[①]	被引次数
8	Homogeneous, constrained geometry, olefin! polymerisation catalyst – prepd. by ligand abstraction with Lewis acids	P520732-A1; FI9202921-A; CA2072058-A; JP5194641-A; TW211017-A; CN1068125-A; EP520732-B1; DE69206497-E; ES2080447-T3; US5721185-A; FI104085-B1; KR233966-B1; JP3339883-B2; CA2072058-C; CN1031578-C	陶氏 (DOWC-C)	美国	496
9	Preparing propylene homo- and copolymers having enhanced properties	EP887379-A1; WO9858975-A1; ZA9805490-A; FI9702726-A; AU9879210-A; CZ9904646-A3; AU726554-B; CN1268959-A; TW418214-A; KR2001020518-A; BR9810934-A; JP2002504953-W; NZ502014-A; US6455643-B1; FI111848-B1; EP887379-B1; DE69828222-E; ES2234087-T3; DE69828222-T2; IN9801103-P2; CN1155639-C; IL133651-A; JP3852957-B2; CA2295018-C; KR576928-B1; CZ300053-B6 MY124158-A	北欧化工 (BORA-C)	奥地利	490

CHAPTER3

序号	专利名称	专利号	申请人	国家[①]	被引次数
10	Olefin polymerisation supported catalyst component – comprises support treated with metallocene and non–metallocene transition metal cpd.	WO8702991–A; AU8767285–A; EP232595–A; NO8702890–A; US4701432–A; EP245482–A; BR8606976–A; ZA8608545–A; DK8703696–A; FI8703109–A; JP63501369–W; HU46346–T; EP232595–B; ES2016259–B; CA1277973–C; IL80500–A; US5124418–A; JP96013856–B2; KR9404715–B1	埃克森美孚 (ESSO–C)	美国	477

① 国家为最早优权国家。

toughness of LLDPE"，被引用次数达到 1652 次。来自美国埃克森美孚专利 5 项，美国埃克森美孚和美国尤尼威蒂恩技术公司共同专利 1 项，美国埃克森美孚和个人共同专利 1 项；陶氏与个人共同专利 2 项，陶氏专利 1 项；奥地利北欧化工专利 1 项，由此可以看出美国埃克森美孚和陶氏在高端聚烯烃核心专利技术方面占据绝对优势，同时也说明后起之秀奥地利北欧化工在高端聚烯烃核心专利技术方面的创新进步。

3.1.8 专利法律状态

专利的法律状态在侵权诉讼、产品引进、产品出口、技术转让、企业并购、新产品开发等方面都起到重要参考作用。高端聚烯烃行业专利法律如下（见图 3-10）：有效专利占比总专利的 41.5%，其中已授权的专利占比 32.6%、在申请中的专利占比 8.9%；失效专利占比总专利的 58.5%，其中主动撤销的专利占比 15.0%、过期不维护的专利占比 18.6% 和放弃的专利占比 24.9%。

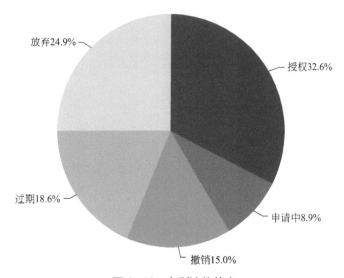

图 3-10　**专利法律状态**

随着高端聚烯烃新应用不断扩大，预计市场需求将增长强劲，通过专利技术许可打入市场，才能成为参与者，因而知名生产商在形成企业技术壁垒方面经历了涉及美国专利局和欧洲专利局的法律纠纷的阶段，进而从产品市场份额、应用领域和商业模式等组合战略考虑，通过收购、合作组建技术公司、合资企业或成为合作伙伴等，尽可能多地保护知识产权。从高端聚烯烃行业专利异议和诉讼的国家/地区可以看出，欧专局、德国、日本、美国和韩国等在同族专利技术异议方面次数较多，美国、法国和德国还存在一定数量的诉讼。见图 3-11 和图 3-12。

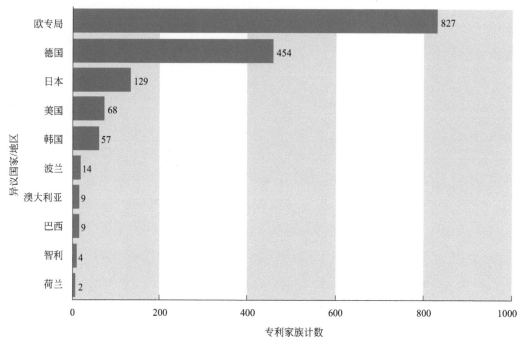

图 3-11　专利异议国家 / 地区

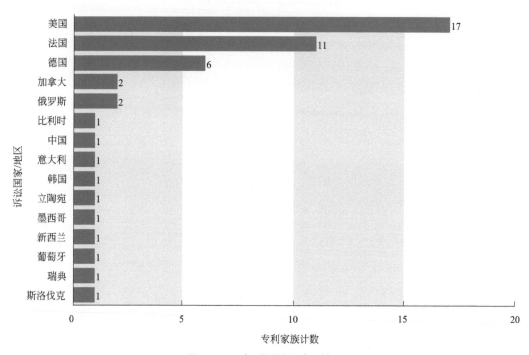

图 3-12　专利诉讼国家 / 地区

3.1.9　在华专利技术分析

1981—2021 年高端聚烯烃行业在华申请专利 3947 项，公开专利 7810 项。从全球高端聚烯烃行业的同族专利公开时间趋势上（见图 3-13）可以看出：

① 1992 年至今，在华公开专利数量呈现持续、快速增长；

② 2013 年以后，在华申请专利数量更是急剧增加。说明了全球对中国市场越来越重视，持续加强专利技术的布局。

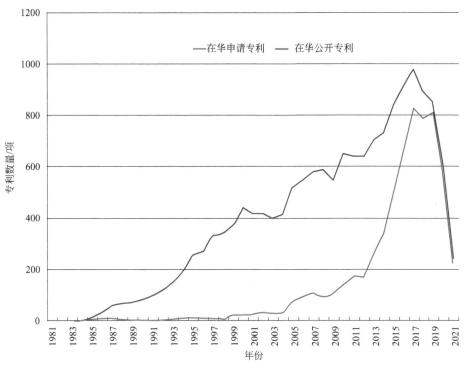

图 3-13　全球及中国的在华专利申请和公开的趋势

高端聚烯烃行业在华国外申请专利 3947 项，公开专利 7810 项（见图 3-14）。国外在华申请专利前三位国家 / 地区分别是欧专局、美国和韩国，分别占比专利总量的 20.04%、18.47% 和 18.22%。国外在华公开专利的前三位国家 / 地区分别是美国、欧专局和韩国，分别占比专利总量的 31.34%、25.11% 和 20.79%。值得注意的是在华 PCT 专利申请占比 9.03%，说明中国高端聚烯烃行业市场已被其他国家 / 地区列入全球高端聚烯烃专利技术布局之中。

高端聚烯烃在华专利申请的前十五位专利权人分别是：中国石化、美国陶氏、奥地利北欧化工、荷兰利安德巴塞尔、中国石油、韩国 LG 化学、沙特沙比克、美国埃克森美孚、美国尤尼威蒂恩、中科院化学所、日本三井化学、浙

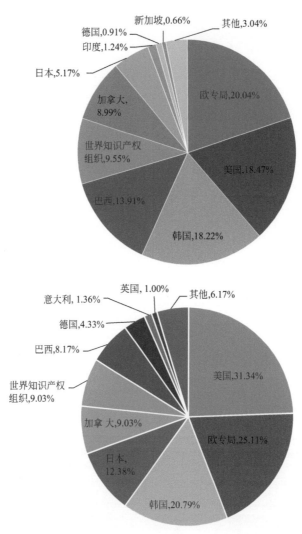

图 3-14　在华专利申请（上）和公开（下）的国家 / 地区（国外）分布

江大学、华东理工大学、法国道达尔、北京化工大学。从在华专利申请前十五位专利权人的国家 / 地区分布看，中国 6 家，美国 3 家，荷兰、奥地利、日本、韩国、沙特和法国各 1 家，其中高校 3 家，研究机构 1 家，其他均为企业集团（见图 3-15）。

高端聚烯烃在华专利公开的前十五位专利权人分别是：奥地利北欧化工、美国陶氏、荷兰利安德巴塞尔、中国石化、日本三井化学、美国埃克森美孚、美国尤尼威蒂恩、韩国 LG 化学、沙特沙比克、日本住友化学、法国道达尔、德国蒙特尔、中国石油、美国联合碳化物、中科院（化学所、长春应化所、有机化学所）。从在华专利公开前十五位专利权人的国家 / 地区分布看，美国有 4 家，中国有 3 家，日本有 2 家，荷兰、奥地利、韩国、沙特、法国和德国各 1 家，

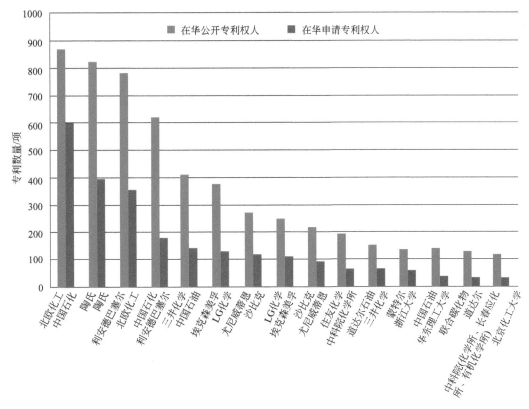

图 3-15　在华申请和公开专利权人分布

其中中科院是唯一研究机构，其他均为企业集团。

高端聚烯烃行业在华专利法律状态见图3-16：有效专利占比为65.89%，其中已授权的专利占比53.91%、在申请中的专利占比11.98%，高于全球有效专利41.5%；无效专利占比34.11%，其中主动撤销的专利占比16.55%、过期不维护的专利占比7.98%和放弃的专利占比9.58%，低于全球无效专利58.5%。从一个方面说明了高端聚烯烃行业在中国市场的热度和各国的重视程度。

3.1.10　小结

全球高端聚烯烃行业专利技术分析表明：

① 全球高端聚烯烃专利申请量20世纪90年代后快速增长，2000年达到第一个申请高峰1013项。2001—2014年间有所降低，在755～954项专利震荡，2015—2020年，专利年申请量突破1104项后，再次进入较快增长阶段，年专利申请量维持在953～1240项（因专利实审周期，2021年数据暂不包括）。近十年的专利申请量占比专利申请总量为35.12%，进入了全面应用期。

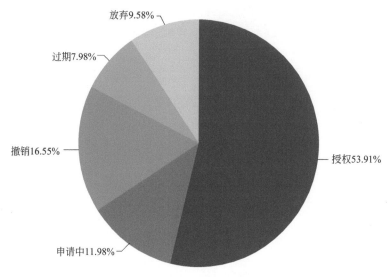

图 3-16　在华专利法律状态

中国在高端聚烯烃行业起步相对较晚，2005 年之前，发展较为缓慢，2006—2022 年间，专利申请量逐渐增加，在 90～166 项，处于技术发展期。2013 年后专利申请量较快并持续增长，年专利申请量维持在 311～722 项（因专利实审周期，2021 年数据暂不纳入统计）。近十年中国专利申请量占比中国专利申请总量的 79.44%，占比全球专利申请量的 40.25%。在高端聚烯烃相关专利申请方面，2013—2020 年间中国专利申请趋势与全球拓展期的专利申请趋势大致相同，增速更快，从整体趋势看，中国正处于高端聚烯烃相关技术的技术拓展期。

② 从全球高端聚烯烃专利申请前五位的技术来源国家 / 地区分析来看，专利申请来源的前五位是日本、美国、中国、欧专局和韩国，其专利数量占比专利总数量的 81.21%。

从全球高端聚烯烃专利技术的市场分布看，最受重视的前四位目标市场的国家 / 地区是日本、美国、中国和欧洲，专利数量占比专利总数量的 49.75%。同时 PCT 专利申请占比 10.00%，说明高端聚烯烃专利技术注重全球布局。

③ 全球高端聚烯烃专利申请前十位专利权人分别是：日本三井化学、奥地利北欧化工集团、美国陶氏、荷兰利安德巴塞尔集团、美国埃克森美孚、日本住友化学集团、中国石化集团、日本三菱化学集团、韩国 LG 化学，以及日本出光兴产株式会社。

前十位专利权人均为企业集团，其中日本企业 4 家，日本三井化学专利数量位居第一，较大幅度领先于其他专利权人，具有明显优势。美国企业 2 家，荷兰、奥地利、中国和韩国各 1 家企业。从所属国家分布可以看出，日本和美国企业在高端聚烯烃行业专利技术方面占据主导地位。

④ 高端聚烯烃领域研发技术热点主题包括：

a. 聚合物和聚合工艺方法：烯烃多嵌段共聚物、聚乙烯和聚丙烯多相共聚物／均聚物、无规共聚物、高密度／超高分子量聚乙烯、高密度聚丙烯、淤浆、气相、高压、循环、流化床聚合反应器等。

b. 聚合催化剂：负载型／双功能茂金属催化剂、负载型非茂金属催化剂、过渡金属催化剂、有机铝／镍聚合催化剂等过渡金属催化剂、金属配体络合物／中间体、配体化合物、催化活性等。

c. 聚合物改性与加工：分子量分布、热塑聚烯烃弹性体增韧、乙烯烯烃共聚物黏度改性、支链聚烯烃的熔体流速、熔体强度、烯烃组合物等。

d. 聚合物应用：太阳能电池模块、密封胶、热熔胶、多层膜、包装、电极、电池、发电、高强度热收缩膜、抗冲击膜、基材、管材管，以及密封光学半导体及显示等。

⑤ 前十项高被引专利被引次数范围 477 ～ 1652 次，专利家族数量范围 11 ～ 53 个，均为 PCT 专利。其中来自美国埃克森美孚专利 5 项，美国埃克森美孚和美国尤尼威蒂恩公司共同专利 1 项，陶氏专利 3 项，奥地利北欧化工专利 1 项，由此可以看出美国埃克森美孚和陶氏在高端聚烯烃核心专利技术方面占据绝对优势，同时也说明后起之秀奥地利北欧化工在高端聚烯烃核心专利技术方面的创新进步。

⑥ 高端聚烯烃行业有效专利占比总专利量的 41.5%，其中已授权的专利占比 32.6%、在申请中的专利占比 8.9%；失效专利有 10426 项，其中主动撤销的专利占比 15.0%、过期不维护的专利占比 18.6% 和放弃的专利占比 24.9%。

从高端聚烯烃行业专利异议和诉讼的国家／地区可以看出，欧专局、德国、日本、美国和韩国等在同族专利技术异议方面次数较多，美国、法国和德国还存在一定数量的诉讼。

⑦ 全球高端聚烯烃行业的同族专利公开趋势分析表明：1992 年至今，在华公开专利数量呈现持续、快速增长，2013 年以后，在华公开专利数量更是急剧增加。说明全球对中国市场越来越重视，持续加强专利技术的布局。

国外在华申请专利前三位国家／地区分别是欧专局、美国和韩国，国外在华公开专利的前三位国家／地区分别是美国、欧专局和韩国，值得注意的是在华 PCT 专利占比均在专利总量的 9% 以上，说明中国高端聚烯烃行业市场已被其他国家／地区列入全球高端聚烯烃专利技术布局之中。

在华国外申请专利 3947 项，公开专利 7810 项，申请量前三位的是欧洲、美国和韩国，PCT 专利申请占比 9.03%，说明高端聚烯烃在华专利申请纳入各国全球布局。从高端聚烯烃在华专利申请的前十五位专利权人所属国家／地区分布来看，中国有 6 家，美国有 3 家，荷兰、奥地利、日本、韩国、沙特和法国各 1 家，其中高校 3 家，研究机构 1 家，其他均为企业集团。从高端聚烯烃在华专利公开的前十五位专利权人国家／地区分布看，美国有 4 家，中国有 3 家，日本有 2 家，荷兰、奥地利、韩国、沙特、法国和德国各 1 家，其中中科院是唯一研究机构，其他均为企业集团。2013 年以后，在华专利申请量有较大幅度增长，说明国外专利申请人对中国市场的重视。

高端聚烯烃行业在华有效专利占比为 65.89%，高于全球有效专利的 41.5%，而无效专利占比 34.11%，低于全球无效专利 58.5%。从一个方面说明了高端聚烯烃行业在中国市场的热度和各国的重视程度。

3.2
高端聚烯烃重点技术专利分析

高端聚烯烃的相关专利覆盖三大技术领域：聚合物和聚合工艺方法领域、聚合催化剂领域，以及聚合物改性与加工领域。聚合物和聚合工艺方法领域的专利申请主要涉及聚乙烯和聚丙烯的聚合物、无规共聚物、极性共聚物和嵌段共聚物、POE（聚烯烃弹性体）、BOC（嵌段共聚物）、TPO（热塑性聚烯烃），以及链穿梭、配位转移、长链支化等聚合方法。聚合催化剂领域的专利申请主要涉及聚乙烯和聚丙烯的均聚、共聚、齐聚相关的过渡金属催化剂、茂金属催化剂，配套涉及合成、助催化剂等。聚合物改性与加工领域专利申请主要涉及聚烯烃及其聚合物薄膜、配件、绝缘等材料的物理和化学改性，如增强抗冲、韧性、强度、耐高温、拉伸等性能，以及溶液聚合和气相聚合等加工工艺过程。

3.2.1　重点技术专利申请趋势分析

从全球高端聚烯烃行业的重点技术同族专利申请年统计（图 3-17）可以看出：

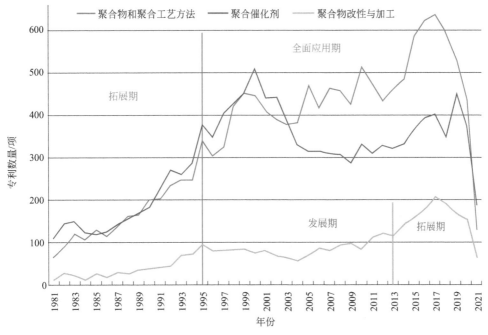

图 3-17　高端聚烯烃聚合物重点技术领域全球专利申请趋势

① 聚合物和聚合工艺方法，以及聚合催化剂专利申请均呈现快速增长并持续增长趋势，从技术拓展期进入全面应用期。

② 聚合物改性与加工专利申请数量相对较少且稳定，2013 年后增长略快，整体来看，处于技术拓展期。

3.2.2　重点技术专利国家／地区分析

（1）聚合物和聚合工艺方法（图 3-18）

技术来源专利申请量前五位国家／地区是日本、美国、中国、欧专局和韩国，专利量占比分别为 27.03%、17.90%、14.07%、11.77% 和 9.15%，其专利量占比专利总量的 79.92%，中国位居第三位。

专利公开目标市场前五位国家／地区是日本、美国、欧专局、中国和世界知识产权组织，专利占比分别为 15.44%、11.42%、11.06%、11.03% 和 10.25%，其专利数量占比专利总数量 59.20%，中国位居第四位。PCT 专利申请占比 10.25%，说明高端聚烯烃聚合物和聚合工艺方法专利注重全球布局。

（2）聚合催化剂（图 3-19）

技术来源专利申请量前五位国家／地区是日本、美国、中国、欧专局和韩国，专利量占比分别为 26.08%、20.83%、14.76%、10.34% 和 9.29%，其专利量

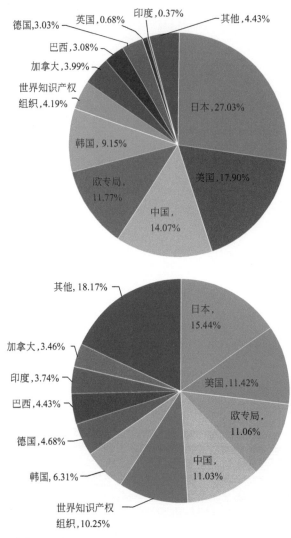

图 3-18　聚合物和聚合工艺方法前十位技术来源（上）和目标市场国家 / 地区（下）分布

占比专利总量的 81.30%，中国位居第三位。

专利公开目标市场前五位国家 / 地区是日本、美国、欧专局、中国和世界知识产权组织，专利量占比分别为 15.76%、11.84%、11.31%、10.58% 和 9.83%，其专利量占比专利总量的 59.32%，中国位居第四位。PCT 专利申请占比 9.83%，说明高端聚烯烃催化剂专利注重全球布局。

（3）聚合物改性与加工（图 3-20）

技术来源专利申请量前五位国家 / 地区是日本、中国、美国、欧专局和韩国，专利量占比分别为 29.54%、23.53%、13.12%、11.34% 和 7.82%，其专利量占比专利总量的 85.36%，中国位居第二位。

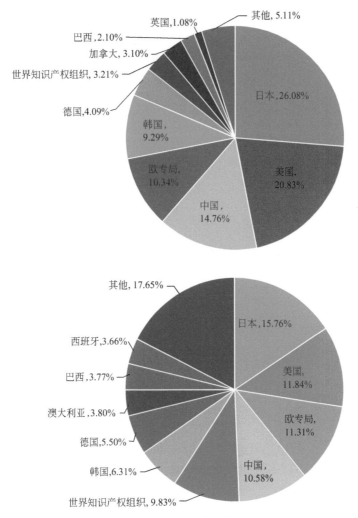

图 3-19　聚合催化剂前十位技术来源（上）和目标市场国家 / 地区（下）分布

专利公开目标市场前五位国家 / 地区是日本、中国、美国和欧专局，专利量占比分别为 17.13%、15.07%、10.19%、10.04% 和 9.28%，其专利量占比专利总量的 61.71%，中国位居第二位。PCT 专利申请占比 9.28%，说明高端聚烯烃改性与加工注重全球布局。

3.2.3　重点技术专利主要专利权人分析

重点技术专利申请前十位专利权人分布见图 3-21。

（1）聚合物和聚合工艺方法

排名前十为：日本三井化学、奥地利北欧化工、美国陶氏、荷兰利安德巴

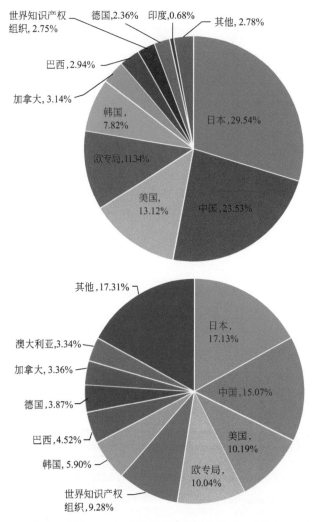

图 3-20　聚合物改性与加工前十位技术来源（上）和目标市场国家 / 地区（下）分布

塞尔、美国埃克森美孚、日本住友化学、日本三菱化学、中国石化、韩国 LG 化学和日本出光兴产株式会社。从专利权人所属国家分布来看，日本有 4 家，其中日本三井化学专利申请数量位居第一，并较大幅度领先，具有明显优势；美国有 2 家；荷兰、奥地利、中国和韩国各 1 家。从数量和排名可以看出日本、美国、奥地利和荷兰的企业在高端聚烯烃行业聚合物和聚合工艺方法专利技术方面占据主导地位。

（2）聚合催化剂

排名前十为：日本三井化学、美国埃克森美孚、荷兰利安德巴塞尔、美国陶氏、奥地利北欧化工、中国石化、日本住友化学、韩国 LG 化学、日本三菱化学和美国尤尼威蒂恩技术公司。从专利权人所属国家分布来看，日本和美国

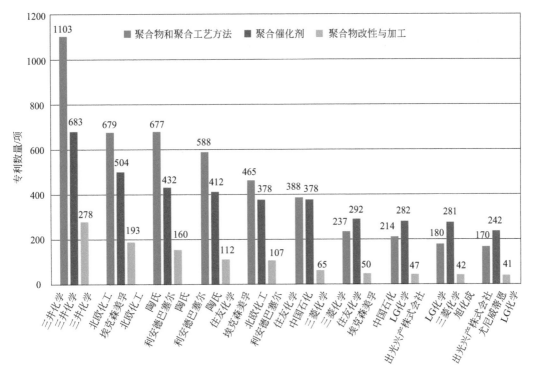

图 3-21　重点技术专利申请前十位专利权人分布

各有 3 家，荷兰、奥地利、中国和韩国各 1 家，从数量和排名可以看出日本、美国、荷兰和奥地利企业在高端聚烯烃行业聚合催化剂的专利技术方面占据主导地位。

（3）聚合物改性与加工

排名前十为：日本三井化学、奥地利北欧化工、美国陶氏、日本住友化学、荷兰利安德巴塞尔、日本三菱化学、美国埃克森美孚、日本山光兴产株式会社、日本旭化成和韩国 LG 化学。从专利申请人所属国家分布来看，日本有 5 家，美国有 2 家，奥地利、荷兰和韩国各 1 家，从数量和排名可以看出日本、奥地利、美国和荷兰企业在高端聚烯烃行业聚合物改性与加工的专利技术方面占据主导地位。

3.2.4　重点技术专利技术构成

对高端聚烯烃重点技术的国际专利分类号及相关技术内容进行分析，从专利申请排名前十位的相关 IPC 分类（表 3-3）可以看出，相关研发主要集中在以下方面。

表 3-3　高端聚烯烃重点技术前十位相关 IPC 技术构成

重点技术	序号	IPC	专利数量 / 项	含义
聚合物和聚合工艺方法	1	C08L-023/08	3905	乙烯共聚物的组合物
	2	C08F-010/00	3108	烯烃反应得到的均聚物或共聚物
	3	C08F-210/16	3070	乙烯与 α- 链烯反应得到的共聚物
	4	C08F-002/00	1077	聚合工艺过程
	5	C08F-110/02	920	乙烯反应得到的均聚物
	6	C08F-002/34	667	气相聚合工艺
	7	C08L-053/00	639	嵌段或接枝共聚物的组合物
	8	C08F-297/08	528	使用离子型或配位型催化剂聚合
	9	C08F-002/04	514	液相聚合工艺
	10	C08J-003/24	473	聚合物交联处理
聚合催化剂	1	C08F-004/64	5473	选自钛、锆、铪及其化合物，或含金属有机化合物作为母体的聚合催化剂
	2	C08F-004/65	3657	含 1 个环戊二烯环，或含 1 个过渡金属 - 碳键组分，或预处理的过渡金属及其化合物作为母体的聚合催化剂
	3	C08F-004/02	1257	聚合催化剂载体
	4	B01J-031/00	1225	含配位配合物或有机化合物的催化剂
	5	C08F-004/44	1019	选自稀土元素或钶族元素及其化合物作为母体的聚合催化剂

重点技术	序号	IPC	专利数量 / 项	含义
聚合催化剂	6	C08F-004/76	901	非稀土元素或铜族金属及其化合物作为聚合催化剂
	7	C08F-004/60	852	选自高熔点金属、铂族金属及其化合物作为母体的聚合催化剂
	8	C07F-017/00	837	茂金属聚合催化剂
	9	C08F-004/42	602	金属、金属氢化物、金属有机化合物，及其作为催化剂母体的用途的聚合催化剂
	10	C08F-004/00	486	聚合催化剂
聚合物改性与加工	1	B32B-027/32	572	由聚烯烃组成的层状产品
	2	C08J-005/18	568	聚合物薄膜、增强制品或成形材料的制造、加工或后处理
	3	C08L-053/00	179	嵌段或接枝共聚物的组合物
	4	C08L-051/06	163	接枝聚物或共聚物组合物
	5	B65D-065/40	163	用于特殊包装应用的层压材料、包裹材料或挠性覆盖物
	6	B32B-027/08	152	由聚烯烃组成的管状产品
	7	C08J-003/24	125	聚合物交联处理
	8	B32B-007/12	111	以薄层之间的联系为特征的层状产品
	9	F16L-009/12	106	绝热加固或不加固的塑料电缆护管
	10	B29K-023/00	101	聚烯烃作为模制材料

① 聚合物和聚合工艺方法：乙烯或烯烃反应均聚物或共聚物、乙烯与 α-链烯烃反应得到的共聚物、嵌段或接枝共聚物的组合物、使用离子型或配位型催化剂聚合、气相和液相等工艺聚合。

② 聚合催化剂：稀土元素、过渡金属、预处理的过渡金属、高熔点金属及其化合物作为母体的聚合催化剂，茂金属聚合催化剂，含配位配合物或有机金属化合物的聚合催化剂，聚合催化剂载体等。

③ 聚合物改性与加工：具有 4 个或更多碳原子烯烃的均聚物或共聚物的组合物，嵌段或接枝共聚物的组合物、聚烯烃加工处理形成的薄膜、层压材料、包裹材料或挠性覆盖物等层状产品，以及用于绝热电缆护管等应用的管状产品。

3.2.5 重点技术主题分析

为了直观了解高端聚烯烃重点技术专利申请的技术方向，采用专利地图对重点技术主题聚类分析，其热点技术主题分布如下：

① 聚合物和聚合工艺方法（绿色）技术主题包括：多相嵌段共聚物、乙烯 / 丙烯和 α- 烯烃的共聚 / 均聚 / 齐聚、无规共聚物、多模态高密度聚乙烯、线性低密度聚乙烯、超高分子量聚乙烯、长链支化热塑聚烯烃和弹性体，淤浆、气相、溶液、循环和流化床聚合反应器等见图 3-22。

② 聚合催化剂（蓝色）技术主题包括：负载型 / 双功能茂金属催化剂，负载型非茂金属催化剂 / 配体，稀土催化剂，铬、钛催化剂和活性助催化剂，有机镁 / 铝化合物、有机过渡金属组合物、金属络合物，催化效率、活化能和立体规整性等，见图 3-23。

③ 聚合物改性与加工（黄色）技术主题包括：乙烯、丙烯和烯烃聚合物 / 颗粒共混 / 改性 / 交联、聚烯烃复合材料 / 组合物和注塑成型等，改善聚烯烃的黏度、刚性、抗冲击、拉伸性、韧性、柔软、结晶和熔体流速等，见图 3-24。

④ 图 3-22 ～图 3-24 中分别呈现出的聚合物应用（红色）热点技术主题包括：包装材料、容器、阀门、管材、太阳能电池模块、电极、电缆绝缘层、减速器、密封光学半导体、衬底 / 抗拉伸 / 密封胶膜等。

3.2.6 重点技术高被引核心专利分析

从高被引专利分析（表 3-4）可以看出：

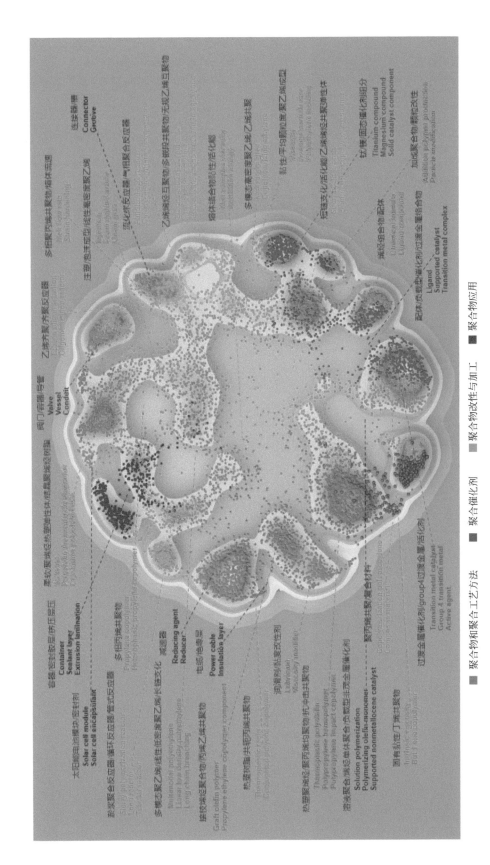

图3-22　聚合物和聚合工艺方法专利技术主题聚类分析

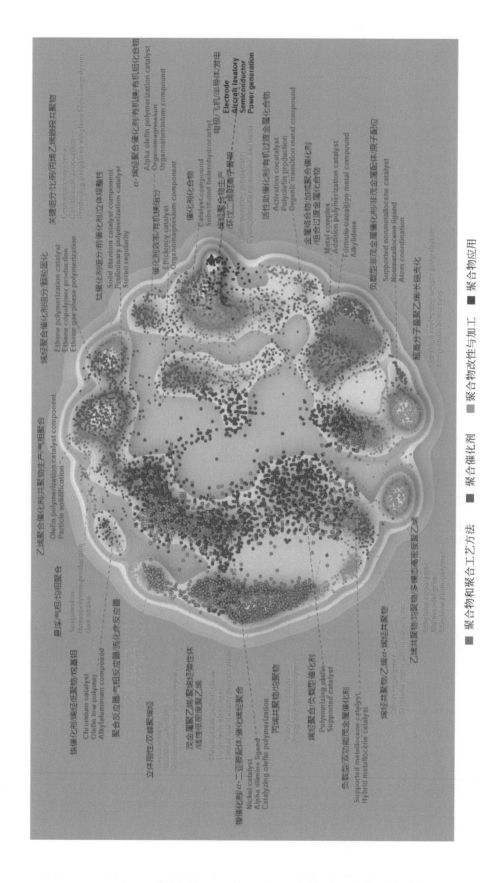

图 3-23　聚合催化剂专利技术主题聚类分析

■ 聚合物和聚合工艺方法　　■ 聚合催化剂　　■ 聚合物改性与加工　　■ 聚合物应用

高端聚烯烃行业
研发技术发展态势报告

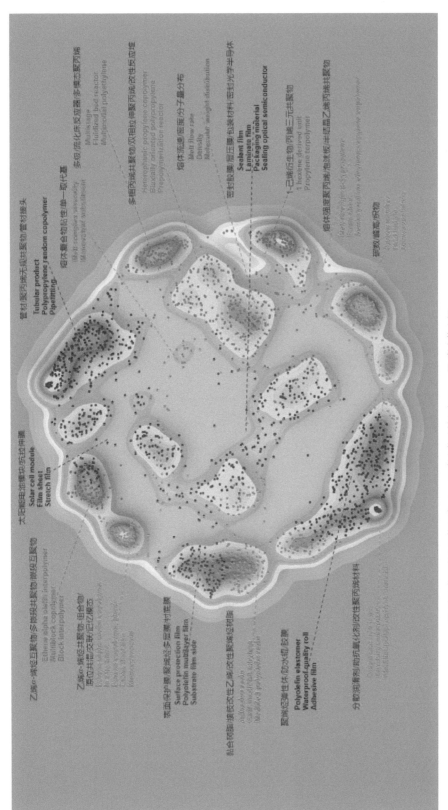

图3-24 聚合物改性与加工专利技术主题聚类分析

■ 聚合物和聚合工艺方法　　■ 聚合物改性与加工　　■ 聚合物应用

表 3-4　全球高端聚烯烃重点技术前十项高被引专利

序号	专利名称	专利号	申请人	国家[①]	被引次数
		聚合物和聚合工艺方法			
1	Elastic substantially linear olefin polymers – with processability similar to high branched LDPE but strength and toughness of LLDPE	WO9308221-A2; US5272236-A; US5278272-A; FI9401727-A; EP608369-A1; JP6306121-A; US5380810-A; JP7500622-W; WO9308221-A3; US5525695-A; TW279867-A; CN1093716-A; EP608369-B1; DE69220077-E; EP783006-A2; EP783006-A3; US5665800-A; DE9219090-U1; ES2103976-T3; EP783006-B1; EP899278-A2; EP899279-A2; DE69228265-E; DE9219173-U1; ES2127030-T3; JP2963199-B2; US6060567-A; KR262024-B1; KR263803-B1; US2001041776-A1; US6348555-B1; TW448186-A; US6548611-B2; FI200300362-A; US2003120004-A1; FI112663-B1; US2004082741-A1; US6737484-B2; US6849704-B2; CN1078214-C; US2005131170-A1; CA2120766-C; EP899278-A3; EP899279-A3	陶氏 (DOWC-C)； LAI S (LAIS-Individual); KNIGHT G W (KNIG-Individual); WILSON J R (WILS-Individual); STEVENS J C (STEV-Individual); CHUM P S (CHUM-Individual)	美国	1652

序号	专利名称	专利号	申请人	国家①	被引次数
2	Preparing propylene homo- and copolymers having enhanced properties – comprises (co)polymerizing propylene in slurry reactor and gas phase reactor, product of slurry reactor being directly conducted to first gas phase reactor	EP887379-A1; WO9858975-A1; ZA9805490-A; FI9702726-A; AU9879210-A; CZ9904646-A3; AU726554-B; CN1268959-A; TW418214-A; KR2001020518-A; BR9810934-A; JP2002504953-W; NZ502014-A; US6455643-B1; FI111848-B1; EP887379-B1; DE69828222-E; ES2234087-T3; DE69828222-T2; IN9801103-P2; CN1155639-C; IL133651-A; JP3852957-B2; CA2295018-C; KR576928-B1; CZ300053-B6; MY124158-A	北欧化工 (BORA-C)	奥地利	490
3	Apparatus for the continuous recovery of a polymerization liquid medium, especially in olefin polymerization	WO9947251-A1; AU9931946-A; BR9908487-A; EP1064086-A1; US6204344-B1; CN1293592-A; US6281300-B1; KR2001042077-A; US6319997-B1; JP2002506718-W; US6380325-B1; ZA200004042-A; AU747914-B; US2002086955-A1;	埃克森美孚 (ESSO-C); KENDRICK J A (KEND-Individual); TOWLES T W (TOWL-Individual); ROGER S T (ROGE-Individual); DEPIERRI R G (DEPI-Individual); 雪佛龙菲利普斯化工 (CPCH-C)	美国	392

序号	专利名称	专利号	申请人	国家[①]	被引次数
3	Apparatus for the continuous recovery of a polymerization liquid medium, especially in olefin polymerization	US2002111441-A1; US2002132936-A1; US2002173598-A1; US2002182121-A1; EP1064086-B1; US2003130442-A1; DE69909263-E; EP1344563-A2; EP1348480-A2; US2003199645-A1; US2003204031-A1; US6670431-B2; US6800698-B2; US2004198928-A1; US6833415-B2; US6858682-B2; US6926868-B2; IN200000597-P3; CN1166444-C; IN200000298-P3; US7034090-B2; IN200400333-P3; CA2321825-C; US7268194-B2; EP1344563-B1; DE69937260-E; US2007274873-A1; EP1348480-B1; DE69938794-E; DE69937260-T2; US7575724-B2; IN205334-B; BR9908487-B1; IN249992-B; EP1344563-A3; EP1348480-A3; EA3709-B1; KR531628-B1	埃克森美孚 (ESSO-C); KENDRICK J A (KEND-Individual); TOWLES T W (TOWL-Individual); ROGER S T (ROGE-Individual); DEPIERRI R G (DEPI-Individual); 雪佛龙菲利普斯化工 (CPCH-C)	美国	392

序号	专利名称	专利号	申请人	国家①	被引次数
4	Hydrocarbon lubricant compsn. of low branch ratio and low pour point, - has high viscosity index and is prepd. by oligomerising alpha-olefin(s) with reduced valence state GP=VIB metal catalyst	US4827064-A; WO8912662-A; ES2011734-A; AU8935632-A; FI9006317-A; EP422019-A; JP3505887-W; AU637974-B; EP422019-B1; DE68911142-E; CA1325020-C; ES2059829-T3; SK277757-B6; FI96775-B; JP2913506-B2	埃克森美孚 (MOBI-C)	美国	342
5	Ethylene!-olefin! homogeneous random interpolymers - prepd. using temp. and pressure in excess of requirements for mol. wt. distribution boundary	WO8404926-A; AU8430656-A; EP146620-A; JP60501563-W; ES8601249-A; US4599392-A; EP318058-A; JP2103115-A; IT1180199-B; CA1273745-A; JP91015923-B; JP3170510-A; EP146620-B1; DE3486025-G; KR9203081-B1; JP5310846-A; JP95012636-B2; JP95086129-B2; JP96000847-B2; EP146620-B2	陶氏 (DOWC-C)	美国	327

CHAPTER3

序号	专利名称	专利号	申请人	国家[①]	被引次数
6	Olefin-containing polymer for use in adhesive and for improving impact properties in blended polypropylene composition, has specified Dot T-Peel on Kraft paper, branching index, and molecular weight	WO2004046214-A2; US2004127614-A1; US2004138392-A1; AU2003302033-A1; US2004220359-A1; US2004220320-A1; US2004220336-A1; US2004249046-A1; EP1558655-A2; JP2006504858-W; CN1705688-A; KR2005062617-A; CN1820034-A; US7223822-B2; US7294681-B2; US2007293640-A1; US2009069475-A1; US7524910-B2; US7541402-B2; US2009149604-A1; US7550528-B2; CN100588663-C; US7700707-B2; CN101724110-A; CN101838362-A; EP2261292-A2; CN1820034-B; EP2261292-A3; US8071687-B2; US8088867-B2; WO2004046214-A3; US2012095157-A1; JP4972284-B2; US8222345-B2; EP1558655-B1; KR1113341-B1; CN101838362-B; JP2013047341-A; CA2499951-C; ES2394304-T3; CN101724110-B; US2013150531-A1; US8563647-B2; US8618219-B2; US8653199-B2; US2014066567-A1; EP2261292-B1; US8957159-B2; JP5775854-B2	埃克森美孚 (ESSO-C); JIANG P (JIAN-Individual); NELSON K A (NELS-Individual); CURRY C L (CURR-Individual); DEKMEZIAN A H (DEKM-Individual); SIMS C L (SIMS-Individual); ABHARI R (ABHA-Individual); GARCIA-FRANCO C A (GARC-Individual); CANICH J A M (CANI-Individual); KAPPES N (KAPP-Individual); FAISSAT M L (FAIS-Individual); JACOB L E (JACO-Individual); GARCIA FRANCO C A (FRAN-Individual); JOHNSRUD D R (JOHN-Individual); ABHARI R (ABHA-Individual); JOHNSRUD D R (JOHN-Individual); TSE M F (TSEM-Individual); BRANT P (BRAN-Individual); LEWTAS K (LEWT-Individual); CHOW W Y (CHOW-Individual); SCHAUDER J (SCHA-Individual); GONG C (GONG-Individual); DEKMEZIAN A H (DEKM-Individual); SIMS C L (SIMS-Individual)	美国	323

序号	专利名称	专利号	申请人	国家[①]	被引次数
7	Electrical device having polymeric insulating or semiconducting device in which polymer comprises ethylene!-alpha-olefin! copolymer having resistance to water treeing and good dielectric properties	WO9304486-A1; AU9225430-A; US5246783-A; EP598848-A1; JP6509905-W; BR9206370-A; AU580808-B; CA2115642-C; EP598848-B1; DE69225483-E; KR163365-B1; JP3648515-B2	埃克森美孚 (ESSO-C)	美国	319
8	Ethylene polymer, partic. substantially linear ethylene polymer has melt flow ratio of at least 5.63, mol. wt. distribution of 1.5−2.5, greater critical shear stress than similar polymers and had improved processability	WO9607680-A1; AU9535417-A; CH688092-A5; ZA9507524-A; EP782589-A1; BR9509196-A; US5783638-A; US5986028-A; AU9963061-A; US6136937-A; EP782589-B1; DE69521434-E; ES2157342-T3; TW440570-A; AU200211929-A; US6506867-B1; US6534612-B1; US2003078357-A1; US2003195320-A1; PH11995511252-B1; US6780954-B2; AU2005200496-A1; CA2199411-C; IN193183-B	陶氏 (DOWC-C); LAI S (LAIS-Individual); WILSON J R (WILS-Individual); KNIGHT G W (KNIG-Individual); STEVENS J C (STEV-Individual)	美国	315

CHAPTER3

序号	专利名称	专利号	申请人	国家[①]	被引次数
9	Nucleation of propylene homopolymer or propylene copolymer for use in e.g. moldings comprises contacting polymer with semi-crystalline branched or coupled polymeric nucleating agent	WO2003040095-A2; AU2002356914-A1; US2005043470-A1; US6960635-B2; AU2002356914-A8; US7060754-B2; US2006142494-A1; US2006241255-A1; US7250470-B2; US2007249798-A1; CN101319050-A; CN101319071-A; JP2009138205-A; US7598328-B2; US7897679-B2; CN101319071-B; WO2003040095-A3; JP5179395-B2	陶氏 (DOWC-C); STEVENS J C (STEV-Individual); VANDERLENDE D D (VAND-Individual); ANSEMS P (ANSE-Individual); COALTER J N (COAL-Individual); VAN EGMOND J W (VEGM-Individual); FOUTS L J (FOUT-Individual); PAINTER R B (PAIN-Individual); VOSE JPKA P C (VOSE-Individual)	美国	297
10	New olefin! copolymer - having narrow molecular weight distribution and excellent flow	WO9007526-A; JP2173014-A; JP2173015-A; JP2173016-A; CA2008315-A; JP2276807-A; EP495099-A1; US5218071-A; US5336746-A; KR9309208-B1; CA2008315-C; EP495099-A4; EP685496-A1; EP685498-A1; US5525689-A; JP2571280-B2; EP769505-A1; US5639842-A; JP2685261-B2; JP2685262-B2;	三井化学 (MITC-C)	日本	296

序号	专利名称	专利号	申请人	国家[①]	被引次数
10	New olefin! copolymer - having narrow molecular weight distribution and excellent flow	JP2685263-B2; US5714426-A; EP495099-B1; DE68928696-E; ES2118718-T3; EP685498-B1; DE68929006-E; US5916988-A; EP955321-A2; EP955322-A2; EP769505-B1; DE68929210-E; EP435099-B2; ES2118718-T5; EP955321-A3; EP955322-A3	三井化学 (MITC-C)	日本	296
		聚合催化剂			
1	Metal coordination complex with constrained geometry - used as catalyst to form new addn. polymers	P416815-A; AU9062039-A; NO9003797-A; FI9004276-A; CA2024333-A; JP3163088-A; BR9004460-A; CN1049849-A; HU59423-T; ZA9006969-A; NZ235032-A; EP416815-A3; IL95542-A; NO9303289-A; NO9303290-A; AU645519-B; HU209316-B; RO106410-B1; NO176964-B; JP7053618-A; JP7070223-A; NO9504469-A; NO179043-B; JP2535249-B2; JP2623070-B2; EP416815-B1; DE69031255-E; NO301376-B1; ES2106020-T3;	陶氏 (DOWC-C); STEVENS J C (STEV-Individual); ROSEN R K (ROSE-Individual); WILSON D R (WILS-Individual)	美国	738

序号	专利名称	专利号	申请人	国家①	被引次数
1	Metal coordination complex with constrained geometry – used as catalyst to form new addn. polymers	JP2684154-B2; US5703187-A; US6013819-A; US6075077-A; KR181710-B1; KR191226-B1; KR191380-B1; CZ9004259-A3; CZ9902974-A3; NO309002-B1; CA2024333-C; CZ287606-B6; CZ287632-B6; SG81879-A1; FI109422-B1; US2002128403-A1; EP774468-B1; US2003065203-A1; US6686488-B2; US6806326-B2; US6858557-B1; US6884857-B1; CN1029850-C; EP774468-A3	陶氏 (DOWC-C); STEVENS J C (STEV-Individual); ROSEN R K (ROSE-Individual); WILSON D R (WILS-Individual)	美国	738
2	Olefin polymerisation catalyst – comprises metallocene and an alum-oxane reacted together on support	EP206794-A; AU8658914-A; JP61296008-A; NO8602447-A; DK8602924-A; FI8602625-A; BR8602880-A; HU42103-T; ZA8604568-A; ES8802395-A; US4808561-A; US4897455-A; CA1268754-A; CS8604580-A; AU9170079-A; IL79169-A; EP206794-B1; DE3689244-G; KR9400788-B1; JP2556969-B2; EP206794-B2	埃克森美孚 (ESSO-C)	美国	723

序号	专利名称	专利号	申请人	国家①	被引次数
3	Catalyst system for enhanced prodn. of polyolefin(s) – comprising an ionic metallocene catalyst and an additive which neutralises deactivators of the ionic metallocene active sites	WO9114713-A; US5153157-A; EP521908-A1; US5241025-A; JP5505838-W; EP521908-B1; DE69120667-E; ES2089201-T3; JP2989890-B2; CA2078665-C; EP521908-B2	埃克森美孚 (ESSO-C)	美国	719
4	Olefin polymerisation catalysts – comprising Gp=IVB metal cpd. and alumoxane, gives high mol.wt. polymers	EP420436-A; WO9104257-A; AU9062483-A; NO9003928-A; CA2024899-A; FI9004506-A; PT95272-A; AU9064439-A; HU55791-T; JP3188092-A; BR9004537-A; US5055438-A; FI9201077-A; EP491842-A1; NO9200971-A; BR9007642-A; DD300233-A5; US5168111-A; JP5505593-W; AU643237-B; NO9503466-A; NO178891-B; NO178895-B; EP420436-B1; DE69028057-E; ES2091801-T3; EP491842-B1; DE69030442-E; HU214667-B; MX187048-A; JP2994746-B2; EP420436-B2; IL119415-A; KR190735-B1;	埃克森美孚 (ESSO-C); CANICH J A M (CANI-Individual)	美国	667

CHAPTER3

序号	专利名称	专利号	申请人	国家①	被引次数
4	Olefin polymerisation catalysts – comprising Gp=IVB metal cpd. and alumoxane, gives high mol.wt. polymers	NO309657–B1; CA2065745–C; FI109705–B1; CA2024899–C; FI113538–B1; US2006178491–A1; US7205364–B1; US7569646–B1	埃克森美孚 (ESSO–C); CANICH J A M (CANI–Individual)	美国	667
5	Catalyst for reactor blend polymer prodn. – comprises at least two metal cyclopentadienyl cpds. and alumoxane	EP128046–A; AU8429107–A; NO84022255–A; JP60035006–A; ZA8404238–A; ES8604994–A; EP128046–B; DE3466880–G; CA1231702–A; US4937299–A; JP5310831–A; JP2663313–B2	埃克森美孚 (ESSO–C)	美国	545
6	Polymerisation of alpha–olefin! cpd(s). in fluidised bed – by using bulky ligand transition metal catalyst in reactor operated in condensed mode	WO9425497–A1; AU9467127–A; US5405922–A; EP696293–A1; JP8509773–W; TW292286–A; AU681147–B; CN1130913–A; EP970971–A2; RU2125063–C1; EP696293–B1; DE69424665–E; ES2148327–T3; MX193473–B; CA2161448–C; EP970971–B1; DE69433579–E; ES2212443–T3; US5405922–C1; JP2006241467–A; JP4191748–B2; EP696293–B2; EP970971–B2; CN101671411–A; ES2148327–T5; ES2212443–T5; EP970971–A3; KR303368–B1	埃克森美孚 (ESSO–C); 尤尼威蒂恩 (UNIVN–C)	美国	512

序号	专利名称	专利号	申请人	国家[①]	被引次数
7	Homogeneous, constrained geometry, olefinl polymerisation catalyst – prepd. by ligand abstraction with Lewis acids	P520732-A1; FI9202921-A; CA2072058-A; JP5194641-A; TW211017-A; CN1068125-A; EP520732-B1; DE69206497-E; ES2080447-T3; US5721185-A; FI104085-B1; KR233966-B1; JP3339883-B2; CA2072058-C; CN1031578-C	陶氏 (DOWC-C)	美国	496
8	Olefin polymerisation supported catalyst component – comprises support treated with metallocene and non-metallocene transition metal cpd.	WO8702991-A; AU8767285-A; EP232595-A; NO8702890-A; US4701432-A; EP245482-A; BR8606976-A; ZA8608545-A; DK8703696-A; FI8703109-A; JP63501369-W; HU46346-T; EP232595-B; ES2016259-B; CA1277973-C; IL80500-A; US5124418-A; JP96013856-B2; KR9404715-B1	埃克森美孚 (ESSO-C)	美国	477

序号	专利名称	专利号	申请人	国家①	被引次数
9	Silicon bridged chiral metallocene cpd. – useful as alpha-olefin polymerisation catalysts giving high iso:tacticity	AU8931478-A; NO8901209-A; DK8901379-A; EP344887-A; BR8901277-A; PT90048-A; FI8901310-A; JP2131488-A; HU53114-T; US5017714-A; US5120867-A; CS8901726-A2; US5314973-A; US5441920-A; JP2775058-B2; JP10218889-A; KR175921-B1; JP3117078-B2; CA1341404-C; DK175628-B	埃克森美孚 (ESSO-C); WELBORN H C (WELB-Individual)	美国	456
10	Catalyst activator used in soln. polymerisation of alpha-olefin	WO9735893-A1; AU9722149-A; NO9804466-A; ZA9702618-A; EP889912-A1; US5919983-A; CN1214699-A; BR9708232-A; JP2000507157-W; EP889912-B1; DE69702506-E; US6121185-A; ES2147985-T3; CN1120849-C; KR2000005028-A; TW387908-A; RU2178422-C2; CA2245839-C; PH1199755997-B1; NO323319-B1; JP3990458-B2; KR437238-B1	陶氏 (DOWC-C)	美国	438

序号	专利名称	专利号	申请人	国家①	被引次数
		聚合物改性与加工			
1	Sealable polyolefin films contg. very low density ethylene@! copolymers	US5206075-A; WO9311940-A1; EP617667-A1; JP7502220-W; EP617667-B1; DE69212501-E; ES2090957-T3; JP3258011-B2; CA2125861-C	埃克森美孚(ESSO-C)	美国	297
2	Ethylene! polymer extrusion compsn. having high drawdown and substantially reduced neck-in, useful for sealant, adhesive or abuse resistance layers in extrusion coatings, profiles and films	WO9616119-A1; AU9642830-A; US5582923-A; ZA9509615-A; NO9702203-A; EP792318-A1; FI9702032-A; BR9510328-A; MX9703565-A1; AU691386-B; US5773155-A; JP10509200-W; KR9770728-A; US5863665-A; EP792318-B1; DE69512932-E; ES2137558-T3; NZ297629-A; MX197563-B; CN1169744-A; CA2205116-C; JP3582836-B2; NO319158-B1; FI117976-B1; TH23564-A; TH28287-R0; KR396958-B1	陶氏(DOWC-C)	美国	241

序号	专利名称	专利号	申请人	国家①	被引次数
3	Ethylene/alpha-olefin interpolymer for elastic films, fibers, comprises polymerized units of ethylene and alpha-olefin, and has preset average block index and molecular weight distribution	US2006199930-A1; WO2006101966-A1; AU2006227617-A1; KR2007117595-A; MX2007011386-A1; DE602006004493-E; JP2008545016-W; US7608668-B2; CN101578307-A; MX273473-B; BR2006090813-A2; RU2409595-C2; AU2006227617-B2; CN101578307-B; JP5367361-B2; SG135731-A1; SG135731-B; KR2013070654-A; KR1506824-B1; EP1716190-A2; EP1716190-B1; BR20060909813-B1	陶氏 (DOWC-C)	美国	217
4	Molded article, e.g., gasoline tank, comprises ethylene/alpha-olefin interpolymer composition comprising blend of two interpolymers having different molecular weight distribution and composition distribution breadth index	US6448341-B1	陶氏 (DOWC-C)	美国	199

序号	专利名称	专利号	申请人	国家[①]	被引次数
5	Isotactic polypropylene blended with propylene olefin copolymer having crystallisable propylene sequence, providing good processing properties, tensile and impact strength – having crystallisable propylene@! sequence, providing good processing properties, tensile and impact strength	WO9907788-A1; AU9885666-A; EP1003814-A1; CN1265693-A; BR9811892-A; AU731255-B; JP2001512771-W; MX2000001428-A1; KR2001022830-A; EP1223191-A1; EP1003814-B1; DE69808488-E; ES2182350-T3; US6635715-B1; US2004014896-A1; EP1489137-A1; US2005137343-A1; US2005203252-A1; US2005209405-A1; US2005209406-A1; US2005209407-A1; US2005282964-A1; US2006004145-A1; US2006004146-A1; US6982310-B2; US6992158-B2; US6992159-B2; US6992160-B2; EP1624019-A1; EP1624021-A1; EP1624020-A1; US7019081-B2; US2006089460-A1; US2006089471-A1; US2006094826-A1; US7049372-B2; US7053164-B2; US7056982-B2; US7056992-B2; US7056993-B2; US2006128897-A1; US2006128898-A1;	埃克森美孚 (ESSO-C); DATTA S (DATT-Individual); GADKARI A C (GADK-Individual); COZEWITH C (COZE-Individual)	美国	183

序号	专利名称	专利号	申请人	国家①	被引次数
5	Isotactic polypropylene blended with propylene olefin copolymer having crystallisable propylene sequence, providing good processing properties, tensile and impact strength – having crystallisable propylene@! sequence, providing good processing properties, tensile and impact strength	US7084218-B2; US2006189762-A1; US7105609-B2; US7122603-B2; US7135528-B2; JP2006316282-A; US7157522-B2; EP1624020-B1; DE69840371-E; EP1223191-B1; DE69840899-E; EP1624019-B1; DE69841111-E; EP1624021-B1; DE69841633-E; EP1003814-B2; JP2010180413-A; JP4845262-B2; ES2343967-T3; ES2182350-T5; JP5466986-B2; WO9907788-A8	埃克森美孚 (ESSO-C); DATTA S (DATT-Individual); GADKARI A C (GADK-Individual); COZEWITH C (COZE-Individual)	美国	183
6	Elastic articles of enhanced elasticity as film thickness decreases– contg. homogeneously branched substantially linear polyethylene(s)@ e.g. films, coatings or tapes used e.g. in incontinence garments or diapers	WO9505418-A1; US5472775-A; EP719300-A1; FI9600718-A; JP9501711-W; JP3414739-B2; MX216374-B; KR310795-B1	陶氏 (DOWC-C)	美国	178

序号	专利名称	专利号	申请人	国家①	被引次数
7	Multi-modal linear ethylene! interpolymer blends – comprising LLDPE of polyethylene elastomers of narrow mol. wt. and compsn. distribution, esp. to increase tear strength	WO9003414-A; PT91874-A; AU8943380-A; FI9002679-A; NO9002369-A; EP389611-A; DK9001322-A; BR8907103-A; HU54722-T; JP3502710-W; US5382630-A; CA1338883-C; EP389611-B1; DE68928100-E; JP2857438-B2; KR122879-B1; TW201439413-A; ID201504552-A; TW579449-B1	埃克森美孚 (ESSO-C); 日新铁住金 (YAWA-C)	美国、日本	176
8	Ethylene! alpha olefin! copolymer suitable for food film-wrap – consists e.g. of ethylene! 4-methyl-1-pentene copolymer and ethylene-1-butene! copolymer	WO8200470-A; JP57034145-A; EP57238-A; US4429079-A; EP57238-B; DE3172828-G; JP87010532-B; EP57238-B2	三井化学 (MITC-C); SHIBATA Y (SHIB-Individual)	日本	171

CHAPTER3

序号	专利名称	专利号	申请人	国家[1]	被引次数
9	High strength ethylene!-alpha-olefin! copolymer compsn. – comprises blend of two copolymers differing in density, mol. wt. and short chain branching	EP57891-A; GB2093044-A; JP57126809-A; JP57126834-A; JP57126835-A; JP57126836-A; JP57126837-A; JP57126838-A; JP57126839-A; BR8200531-A; US4438238-A; GB2093044-B; CA1198542-A; EP57891-B; DE3276704-G; JP89007096-B; EP57891-B2	住友化学 (SUMO-C)	日本	158
10	Packaging film e.g. for shrink-wrapping foods and non-food items – having at least one layer of a substantially linear ethylene polymer with specified melt flow ratio, mol.wt. distribution and critical shear rate	WO9409060-A1; FI9501799-A; EP665863-A1; JP8502532-W; US5562958-A; US5591390-A; US5595705-A; US5852152-A; MX190478-B	陶氏 (DOWC-C)	美国	121

① 国家为最早优先权国家。

① 聚合物和聚合工艺方法前十项高被引专利被引次数范围为296～1652次，专利家族数量范围为12～52个，均为PCT专利。来自美国陶氏和个人共同专利3项、陶氏专利1项；美国埃克森美孚专利2项、埃克森美孚和个人共同专利1项、埃克森美孚和个人及雪佛龙菲利普斯化工共同专利1项；奥地利北欧化工专利1项，以及日本三井化学专利1项。

② 聚合催化剂前十项高被引专利被引次数范围为438～738次，专利家族数量范围为11～53个，PCT专利5项。来自美国埃克森美孚专利5项，埃克森美孚和尤尼威蒂恩技术公司共同专利1项、埃克森美孚和个人共同专利1项；陶氏专利2项、陶氏和个人共同专利1项。

③ 聚合物改性与加工前十项高被引专利被引次数范围为121～297次，专利家族数量范围为1～64个，PCT专利8项。来自美国陶氏专利5项；美国埃克森美孚专利1项、埃克森美孚和个人共同专利1项、埃克森美孚和日新铁住金共同专利1项；日本三井化学和个人共同专利1项；日本住友化学专利1项。

3.2.7　重点技术专利法律状态

从全球高端聚烯烃行业的重点技术专利法律状态（图3-25）可以看出：

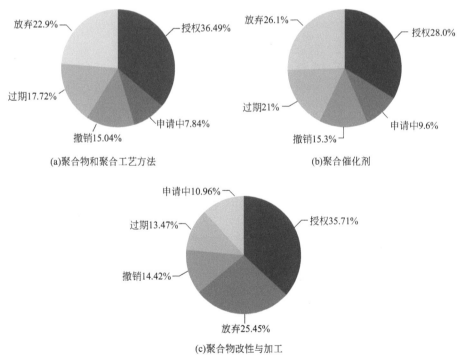

图 3-25　重点技术专利法律状态

① 聚合物和聚合工艺方法、聚合催化剂、聚合物改性与加工已授权专利占比分别为 36.49%、28.0%、35.71%；

② 聚合物和聚合工艺方法、聚合催化剂、聚合物改性与加工申请中专利占比分别为 7.84%、9.6%、10.96%；

③ 聚合物和聚合工艺方法、聚合催化剂、聚合物改性与加工的无效状态专利占比分别为 55.67%、62.4%、53.33%。

从全球高端聚烯烃行业的重点技术专利异议国家 / 地区（图 3-26）可以看出：

① 欧专局、德国和日本位居聚合物和聚合工艺方法的专利异议国家 / 地区前三；

② 欧专局、德国和美国位居聚合催化剂的专利异议国家 / 地区前三；

③ 欧专局、德国和日本位居聚合物改性与加工的专利异议国家 / 地区前三。

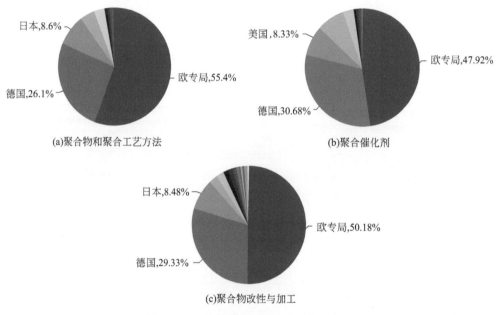

图 3-26　重点技术专利异议国家 / 地区

从全球高端聚烯烃行业的重点技术专利诉讼的国家 / 地区（图 3-27）可以看出：

① 美国、德国和法国位居聚合物和聚合工艺方法的专利诉讼国家/地区前三；

② 美国、法国和德国位居聚合催化剂的专利诉讼国家 / 地区前三；

③ 美国、法国和加拿大位居聚合物改性与加工的专利诉讼国家 / 地区前三，值得注意的是中国也位于专利诉讼国家 / 地区之列。

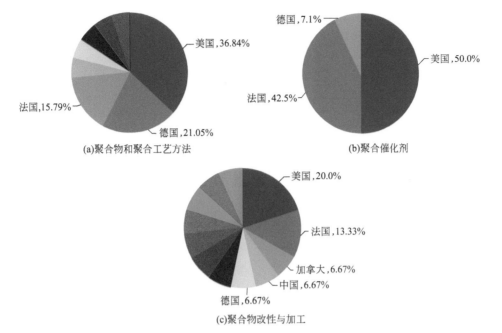

图 3-27 重点技术专利诉讼国家／地区

3.2.8 小结

对全球高端聚烯烃行业重点技术专利分析表明：

① 重点技术专利申请时间趋势：

a. 聚合物和聚合工艺方法，以及聚合催化剂专利申请均呈现快速增长并持续增长趋势，从技术拓展期进入全面应用期。

b. 聚合物改性与加工专利申请数量相对较少且稳定，2013 年后增长略快，整体来看，处于技术拓展期。

② 重点技术专利申请国家／地区分布：

a. 聚合物和聚合工艺方法：技术来源专利申请量前五位国家／地区是日本、美国、中国、欧专局和韩国。专利公开目标市场前五位国家／地区是日本、美国、欧专局、中国和世界知识产权组织，PCT 专利申请占比 10.25%。

b. 聚合催化剂：技术来源专利申请量前五位国家／地区是日本、美国、中国、欧专局和韩国。专利公开目标市场前五位国家／地区是日本、美国、欧专局、中国和世界知识产权组织，PCT 专利申请占比 9.83%。

c. 聚合物改性与加工：技术来源专利申请量前五位国家／地区是日本、中国、美国、欧专局和韩国。专利公开目标市场前五位国家／地区是日本、中国、美国和欧专局，PCT专利申请占比9.28%。

③ 重点技术专利申请前十位专利权人主要分布：

a. 聚合物和聚合工艺方法：日本三井化学、奥地利北欧化工、美国陶氏、荷兰利安德巴塞尔、美国埃克森美孚、日本住友化学、日本三菱化学、中国石化、韩国LG化学和日本出光兴产株式会社。

b. 聚合催化剂：日本三井化学、美国埃克森美孚、荷兰利安德巴塞尔、美国陶氏、奥地利北欧化工、中国石化、日本住友化学、韩国LG化学、日本三菱化学和美国尤尼威蒂恩。

c. 聚合物改性与加工：日本三井化学、奥地利北欧化工、美国陶氏、日本住友化学、荷兰利安德巴塞尔、日本三菱化学、美国埃克森美孚、日本出光兴产株式会社、日本旭化成和韩国LG化学。

从专利权人所属国家分布来看，日本有5家，美国有3家，荷兰、奥地利、中国和韩国各1家，可以看出日本、美国、奥地利和荷兰的企业在重要技术专利申请方面占据主导地位。

④ 高端聚烯烃重要技术热点主题包括：

a. 聚合物和聚合工艺方法：多相嵌段共聚物、乙烯/丙烯和α-烯烃的共聚/均聚/齐聚、无规共聚物、多模态高密度聚乙烯、线性低密度聚乙烯、超高分子量聚乙烯、长链支化热塑聚烯烃和弹性体，淤浆、气相、溶液、循环和流化床聚合反应器等。

b. 聚合催化剂：负载型/双功能茂金属催化剂，负载型非茂金属催化剂/配体，稀土催化剂，铬、钛催化剂和活性助催化剂，有机镁/铝化合物、有机过渡金属组合物、金属络合物，催化效率、活化能和立体规整性等。

c. 聚合物改性与加工：乙烯、丙烯和烯烃聚合物/颗粒共混/改性/交联、聚烯烃复合材料/组合物和注塑成型等，改善聚烯烃的黏度、刚性、抗冲击、拉伸性、韧性、柔软、结晶和熔体流速等。

d. 聚合物应用：包装材料、容器、阀门、管材、太阳能电池模块、电极、电缆绝缘层、减速器、密封光学半导体、衬底/抗拉伸/密封胶膜等。

⑤ 高端聚烯烃重要技术高被引专利分析：

a. 聚合物和聚合工艺方法前十项高被引专利被引次数范围296～1652次，专利家族数量范围12～52个，均为PCT专利。来自美国陶氏专利4项，埃克森美孚专利4项；奥地利北欧化工专利1项，以及日本三井化学专利1项。

b. 聚合催化剂前十项高被引专利被引次数范围438～738次，专利家族数量范围 11～53 个，PCT 专利 5 项。来自美国埃克森美孚专利 6 项，埃克森研究工程公司专利 1 项，陶氏专利 3 项。

c. 聚合物改性与加工前十项高被引专利被引次数范围 121～297 次，专利家族数量范围 1～64 个，PCT 专利 8 项。来自美国陶氏专利 5 项，美国埃克森美孚专利 3 项，日本三井化学专利 2 项。

⑥ 全球高端聚烯烃行业的重点技术专利法律状态：

a. 聚合物和聚合工艺方法、聚合催化剂、聚合物改性与加工有效状态专利占比分别为 44.33%、37.6%、46.67%。

b. 聚合物和聚合工艺方法、聚合催化剂、聚合物改性与加工专利异议国家 / 地区主要是：欧专局、德国、美国和日本。

c. 聚合物和聚合工艺方法、聚合催化剂、聚合物改性与加工专利诉讼的国家 / 地区主要是：美国、法国、德国和加拿大，值得注意的是中国也位于专利诉讼国家 / 地区之列。

第 4 章
CHAPTER

高端聚烯烃领先企业

4.1
北欧化工

4.1.1 概述

4.1.1.1 公司发展历程

北欧化工（Borealis AG）是欧洲第二大、全球第六大聚烯烃生产商，在欧洲、中东及亚太石化产品市场占有重要地位。北欧化工以其拥有的先进的聚烯烃双峰聚合技术，供应的优质产品，持续不断的创新而闻名。

北欧化工正式组建成立的时间不长，但作为国际上专业化的大型聚烯烃公司却得到了较快的发展。

1994	• 北欧化工在丹麦哥本哈根成立，是由芬兰石油公司 Neste 和挪威石油公司 Statoil（现更名 Equinor）的石油化工业务合并而成，两者各持 50% 股份
1995	• 第一家 Borstar® 聚乙烯工厂在芬兰建成并启动
1997	• Neste 将股份出售给奥地利油气集团 OMV 和阿布扎比国际石油投资公司 IPIC
1998	• 与 ADNOC 合资成立博禄公司 • 从奥地利油气集团 OMV 收购 PCD Polymere，成为全球第四大聚烯烃生产商
2000	• 在奥地利建成并启动第一家 Borstar® 聚丙烯工厂，投资 1.4 亿欧元 • 与杜邦在比利时成立合资企业 Specialty Polymers Antwerp NV
2001	• 合资企业博禄启动了 14 亿欧元的石化项目，包括 60 万吨 / 年乙烯裂解装置和总产能 45 万吨 / 年的 Borstar® 聚乙烯装置

2005	• OMV 和 IPIC 购买挪威石油公司股权，北欧化工股权 64% 属于 IPIC，36% 属于 OMV • 推出 Borstar® 聚乙烯 2G 技术
2006	• 北欧化工将总部挪到奥地利维也纳 • 新的 35 万吨 / 年 Borstar® 聚乙烯工厂在奥地利落成，Borstar® 聚丙烯工厂扩产到 30 万吨 / 年
2007	• 英力士（Ineos）收购北欧化工挪威石化业务，包括 17.5 万吨 / 年的聚丙烯装置和 14 万吨 / 年的低密度聚乙烯装置
2008	• Borstar® 聚丙烯技术更新，产品在纯度、加工性等性能方面有所提高
2010	• 低密度聚乙烯（LDPE）工厂在瑞典落成，投资超过 4 亿欧元，以满足全球对电线电缆产品的需求 • 博禄扩产，达 200 万吨 / 年聚乙烯和聚丙烯
2012	• 推出 Borlink™ 技术
2013	• 生产具有自主知识产权的 Borstar-Sirius 催化剂厂在奥地利林茨建成投产
2014	• 推出 Borlink™ 挤出型电缆材料，专为高压直流输电（HVDC）电缆设计，应用于超高压直流输电领域 • 博禄扩产，聚烯烃总产能增加至 450 万吨 / 年，成为全球最大的聚烯烃一体化生产联合体
2016	• 采用 Borceed™ 技术，扩大 Queo 聚烯烃塑性体产品系列
2017	• 北欧化工和博禄发布 Borstar® 双峰三元共聚物技术和全新旗舰品牌 Anteo™——面向全球包装市场的 LLDPE 产品

2019	• 在美国德州建造产能 62.5 万吨 / 年的 Borstar® 聚乙烯工厂
2020	• OMV 收购股权,其北欧化工股权增加到 75% • 推出 Bornewable™ 聚烯烃系列产品
2021	• 与阿布扎比石油公司签署 62 亿美元战略合作协议,在阿联酋建设年产 140 万吨聚乙烯项目 Borouge 4 • 与 Sulzer Chemtech 共同推出聚丙烯泡沫挤出新工艺

4.1.1.2 聚烯烃产品及应用

北欧化工凭借专有的 Borstar® 和 Borlink™ 等技术,产品在汽车、能源、医疗保健和包装等领域得到了广泛的应用。

（1）汽车领域

北欧化工的尖端聚烯烃材料得益于专有的 Borstar® 技术,被广泛地应用于各种汽车外饰（图 4-1）、内饰（图 4-2）和引擎舱（图 4-3）中,具体包括保险杠、车身外板、外装饰件、仪表板、门板、进气歧管等。主要的产品系列为 Fibremod™ 碳纤维和玻璃纤维增强聚丙烯产品和 Daplen™ 高熔体强度聚丙烯

图 4-1　北欧化工聚烯烃材料汽车外饰具体应用
（数据来源：北欧化工公司网站）

产品，在减轻重量和节约成本方面发挥着重要作用。

Fibremod™ 和 Daplen™ 等高性能聚丙烯产品可替代金属和工程塑料，具有低 VOC、低气味、轻量化和机械性能相均衡等特点。在汽车外饰、内饰和引擎舱中的具体应用情况及特点分别在图 4-1～图 4-3 中体现。

图 4-2　北欧化工聚烯烃材料汽车内饰具体应用
（数据来源：北欧化工公司网站）

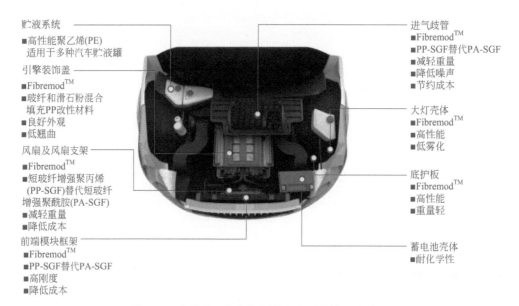

图 4-3　北欧化工聚烯烃材料汽车引擎舱具体应用
（数据来源：北欧化工公司网站）

（2）能源领域

北欧化工生产的高端聚烯烃材料广泛地应用在能源领域，具体包括电线电缆、建筑和通讯领域。其中，得益于北欧化工开发的专有 Borlink™ 技术生产的高品质洁净交联聚乙烯（XLPE）材料，不仅可适用于规定的电压，还能承受较大的运行场强。主要产品系列为 Borlink™、Visico™、Ambicat™，具体产品信息见表 4-1。

表 4-1 北欧化工能源领域产品信息

应用领域		产品特点
超高压	交流电缆	Borlink™ 技术可生产高品质洁净交联聚乙烯混配料。另外，超净半导电屏蔽料可以和超高压（EHV）交联聚乙烯绝缘材料一起挤出，生产出用于超光滑表面的 Borlink EHV 半导电屏蔽材料。混配料和半导电屏蔽材料再结合 Borstar® 和 Casico™ 护套，可提供超高压电缆系统
	直流电缆	利用增强本色超净技术打造的新一代高压直流交联聚乙烯绝缘混配料可减少脱气负担并提高焦烧性能，以及专为最小化空间电荷积聚设计的半导电屏蔽材料具有超光滑特性，为导体和绝缘屏蔽提供了可缓解电应力的平整表面。两者相结合可实现超高压和传输容量的挤包绝缘电缆（640kV 电缆系统）
高压		采用本色超净的 Borlink™ 技术生产的高压交联聚乙烯拥有两种基于传统电压和新型电场强度分类的性能类型，焦烧安全性显著提升，降低了绝缘缺陷风险以及固有脱气负担
中压		生产的高生产率交联聚乙烯具有较宽的加工温度窗口和低焦烧生成的特点，可扩展生产运行和提高产出
低压		Visico™/Ambicat™ 产品焦烧性能出色，可不间断生产运行一个月，交联过程更快，并促进室温下绝缘层的交联，消除需要温水或蒸汽交联的生产瓶颈，可提高生产效率、产量和成本效益
建筑		Visico™/Ambicat™ 可替代 PVC 绝缘，可潜在缩小电缆尺寸高达 40%，具有优异的介电性能 Casico™ 用于电缆护套，比常规塑料护套减重 20%，热释放和烟释放更小，降低带来二次火灾的风险
通讯	数据电缆	用于数据电缆物理发泡绝缘的混配料，不含 ADCA 发泡剂，形成一致和分布均匀的孔隙结构，抗压裂性强，能提高线路传输速度，实现稳定的传输性能
	光缆	Borstar® 技术可为光缆护套应用（包括线性低/中/高密度）生产抗收缩和应力开裂的混配料
	铜芯多对绞电缆	用于聚乙烯护套以及实芯和化学发泡绝缘
	同轴电缆	产品用于 75ohm、50ohm 电缆

（3）医疗保健领域

北欧化工的 Bormed™ 产品（表 4-2）是专用于医疗保健应用的聚烯烃，产品均符合监管规定（不同牌号产品根据具体情况采用欧洲药典标准、美国药典标准或者 ISO 100993 标准）。

表 4-2　北欧化工 Bormed™ 产品信息

产品类别		应用
聚丙烯	均聚物	片剂 / 丸剂泡罩包装的热成型薄膜、气雾剂微量管、医疗器材二次包装、医疗器材、一次性注射器、针套、诊断产品等
	无规共聚物	医疗器材二次包装、一次性注射器、医疗器材、诊断产品等
	三元共聚物	医疗器材二次包装、静脉输液袋
	无规多相共聚物 / 软聚丙烯	医疗器材二次包装、注射溶液安瓿等
聚乙烯	高密度聚乙烯	药品容器及瓶盖、医疗器材、药品包装及诊断产品等
	低密度聚乙烯	输液瓶、注射溶液安瓿等

（4）包装领域

北欧化工的 Anteo PE 系列（图 4-4、表 4-3）把线性低密度聚乙烯（LLDPE）包装性能推向新领域，具有优异的热封性能、加工性、光学性能、抗穿刺和抗撕裂性能以及感官特性。

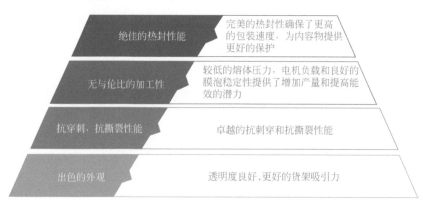

图 4-4　北欧化工 Anteo 产品特点
（数据来源：北欧化工公司网站）

Anteo（图 4-5）是 Borstar 双峰三元共聚聚乙烯产品系列，为日常用品、饮食和工业包装应用提供全系列的软包装解决方案。

表 4-3　北欧化工 Anteo™ 产品信息

特性	Anteo™ 产品，如 FK1820、FK1828	测试方法
熔融指数（MFR）	1.5g/10min	ASTM D1238
密度	918kg/m³	ASTM D792
熔融温度	122℃	ISO 11357/03
拉伸模量	纵向 / 横向：210/220MPa	ISO 527-3
断裂拉伸强度	纵向 / 横向：52/55MPa	ISO 527-3
埃尔门多夫拉斯强度	纵向 / 横向：550/700g	ASTM D1922

重包装　　批发食品包装：米、盐、宠物食品等
原材料包装：塑料树脂、化学产品、水泥等

拉伸套管膜　　仓库和物流：托盘箱、运输、仓库存储等

复合膜　　竖立袋：洗涤剂、个人护理、食物袋等
真空和阻隔包装：咖啡、冷冻食物等
密封食品和饮料：香料、面粉等

图 4-5　北欧化工 Anteo 产品各种包装应用

（5）Queo 塑性体和弹性体系列产品

Queo 塑性体和弹性体系列产品由北欧化工的 Borceed™ 技术制造，产品结合了许多橡胶的物理特性和热塑性材料的加工优势，主要用于高端汽车、包装、家用器皿和电线电缆等领域。

Borceed™ 技术与 Borstar® 和 Borlink™ 技术互为补充，服务相同的目标市场。Borceed™ 技术最初是由帝斯曼（DSM）研发和销售的 Compact 工艺，北欧化工重新命名为 Borceed™。该技术通过 Borceed 溶液聚合技术和茂金属催化剂组合，使更多的辛烯共聚单体集成在乙烯结构中。具体产品信息见表 4-4。

Queo 聚烯烃塑性体主要针对需要良好的灵活性、较高耐热性能和高机械强度的应用中，如食品包装、工业包装和热熔胶等。

Queo 聚烯烃弹性体主要针对需要较好屈挠性和优异低温冲击性能的应用中，如汽车配件、家用电器和家庭用品的热塑性聚烯烃部件、黏合剂、电缆化合物、接枝聚合物、塑胶跑道、工业用膜等。

表 4-4　北欧化工 Queo 产品系列信息

参数	标准	聚烯烃弹性体	聚烯烃塑性体
密度 /（kg/cm³）	ISO 1183	860 ~ 870	880 ~ 910
DSC 熔点峰值 /℃	ISO 11357	35 ~ 60	75 ~ 105
挠曲模量 /MPa	ISO 178	5 ~ 10	20 ~ 130

4.1.1.3　聚烯烃主要工艺技术

（1）Borstar® 技术

Borstar® 是北欧化工独有的聚烯烃（聚乙烯和聚丙烯）生产技术，可生产双峰或多峰的聚乙烯和聚丙烯，产品具有出色的机械强度和产品可加工性。

Borstar® 聚乙烯生产工艺（图 4-6）是采用环管和气相反应器串联的分段式反应法。通过适当比例调节两台反应器的反应速率，可生产出不同分子量分布的聚合物。

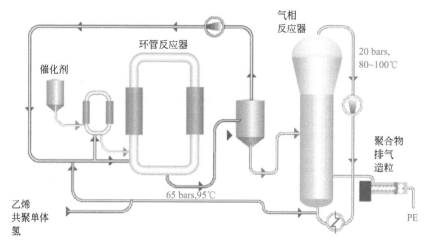

图 4-6　北欧化工 Borstar® 聚乙烯生产工艺
注：1bar=10⁵Pa。

环管反应器能在温度较高（甚至高于丙烯的临界点）的情况下进行操作，聚合温度和压力均相应提高。环管反应器中用超临界丙烷作稀释剂生产低分子量聚合物，将没有单体的聚合物转移到气相反应器中产生高分子量的聚合物。

环管和气相反应器中生产的聚乙烯具有不同特性，环管反应器中产物分子量分布较窄、分子量低和熔融指数高，使产品具有良好的加工性。气相反应器中产物具有高分子量、低熔融指数和较低密度的特点，使产品的熔体强度较高、力学性能好，有特别优异的耐环境应力开裂性能，且分子量控制精准，产品均一性好。

Borstar® 聚丙烯制备源于聚乙烯工艺（图 4-7），采用相同的环管和气相反应器，再串联一个或两个气相反应器。环管反应器中反应条件可在丙烯临界点以上，减少了聚合物在丙烯里的溶解程度，避免发生黏釜现象。

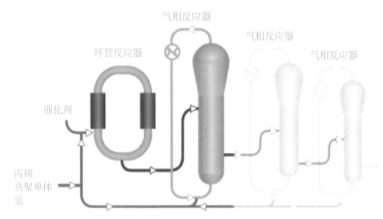

图 4-7　北欧化工 Borstar® 聚丙烯生产工艺

在环管反应器和气相流化床反应器的共同作用下，能更好地控制分子量分布，可生产分子量很窄的单峰产品，以及宽分子量的双峰产品。生产的共聚物具有很好的抗冲击性，且共聚物中共聚单体的分布比较均匀。

（2）Borlink™ 技术

北欧化工专有的 Borlink™ 技术（图 4-8）处于交联聚乙烯技术的前沿。为最大限度减少污染的风险，产品在先进的质量保证系统的闭环环境内进行生产和封包。

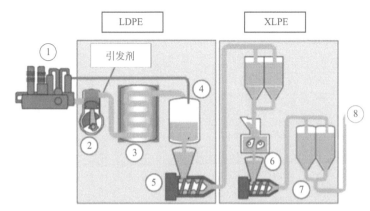

图 4-8　北欧化工 Borlink™ 技术

1—气体净化；2—加压；3—聚合；4—分离；5—成粒；6—热混炼；7—混合；8—封包、储存、运输乙烯原料直接经高压聚合、双螺杆成粒等工序制成 XLPE 电缆料，在成粒过程中对杂质含量进行连续监测，整个过程是密闭连续的，生产环节少，质量控制严格。

该技术可生产高品质 XLPE 材料，产品具有高水平化学和物理清洁度、优良的导电性能、出色的焦烧安全性，降低了绝缘缺陷风险和脱气负担。产品可应用于超高压、高压和中压电缆。

4.1.2 聚烯烃材料全球专利申请及布局分析

本章节利用 Orbit 全球专利分析数据库（FamPat）对北欧化工在全球的专利申请及布局情况进行检索和分析，检索范围为专利公开日期截止至 2021 年 12 月 31 日，共检索出相关专利 1499 项（8559 件）。

4.1.2.1 全球专利申请趋势分析

北欧化工（Borealis AG）是在 1994 年由芬兰石油公司 Neste 和挪威石油公司 Statoil（现更名为 Equinor）的石油化工业务合并而成的一家全球性的化工企业，通过对北欧化工的专利进行分析（图 4-9～图 4-11）可以看出，北欧化工成立初期的聚烯烃技术专利主要来源于合并公司之一的 Neste 公司，包括最早于 1986 年申请的 FI76100C、FI80055C 两项与用于烯烃聚合的一类镁化合物催化剂的制备方法相关的专利，以及其他与聚烯烃相关的专利 70 余项，北欧

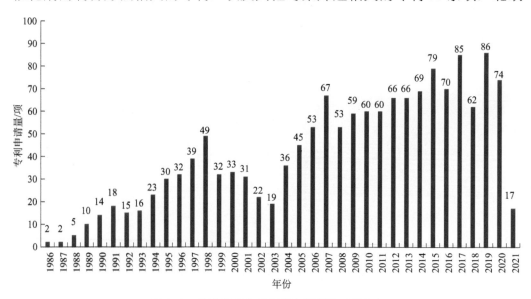

图 4-9 北欧化工全球专利申请量的时间分布

图 4-10　北欧化工聚烯烃各细分领域全球专利申请量的时间分布

图 4-11　北欧化工聚烯烃各技术领域全球专利申请量的时间分布

化工成立后，在已有技术条件基础上在聚烯烃的合成、催化剂、应用技术等方面进一步继承和发展。

　　根据产品技术生命周期理论，一种产品或技术的生命周期通常由萌芽（产生）、迅速成长（发展）、稳定成长、成熟、瓶颈（衰退）几个阶段构成，我们基于专利申请量的年度趋势变化特征，进一步分析北欧化工聚烯烃领域的技术发展各个阶段。为了保证分析的客观性，我们以 Logistic growth 模型算法为基础，以专利累计申请数量为纵轴，以申请年为横轴，通过模型计算，拟合出北欧化工聚烯烃产品技术的成熟度曲线，见图 4-12。

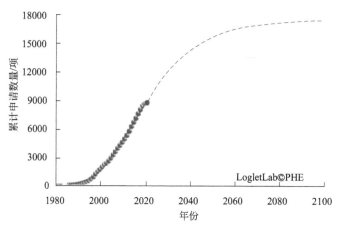

图 4-12　北欧化工聚烯烃基于专利申请拟合的成熟度曲线

通过数据拟合结果（表 4-5）可以看出，1986—2004 年期间，北欧化工聚烯烃相关技术在 Neste 公司原有专利技术的基础上继续拓展，处于聚烯烃技术的探索期或者萌芽期阶段，从专利的申请方向看，聚乙烯与聚丙烯相关技术同步发展，更多是集中在催化剂领域进行研发，包括催化剂载体的研究、茂金属催化剂研究、用于与 α- 烯烃共聚的催化剂体系研究等。

表 4-5　北欧化工聚烯烃基于专利申请拟合的技术成熟度表

拟合度 R^2	萌芽期	迅速成长期	稳定成长期	成熟期
0.997	1986—2004	2005—2015	2016—2032	2033—2045

从专利申请趋势变化可以看出，1998 年北欧化工专利申请量达到该阶段的顶峰，这与北欧化工在 1994—1998 年期间企业规模迅速扩张有一定关系，这期间的一些重组事件包括与 Montell 成立合资公司，接管了北海石化 NPS，从葡萄牙政府获得了锡尼什石化联合体的所有权，与阿布扎比国家石油公司成立合资企业等，到 1998 年，仅用了 4 年时间就成为当时全球第四大聚烯烃公司。

2005—2015 年期间，从专利申请量的变化可以看出，北欧化工聚烯烃相关技术开始全面发展，聚乙烯、聚丙烯相关专利申请量逐年增加，2015 年聚烯烃的相关专利申请量达到了阶段性的顶峰，年申请量较 2004 年增加了 43 项，这一方面归结于 2003 年，北欧化工在瑞典、芬兰、奥地利、挪威分别成立了技术创新中心，专门负责工程设备、电线和电缆，管道、模塑等工艺开发和新产品的市场开拓，另外一方面得益于该时期全球机械、电器、化工、汽车等应用领域市场的快速发展，市场对聚烯烃材料的需求不断增加，企业为了提升产品竞争力，加快了技术创新的速度。

2016年至今，北欧化工的专利申请量变化无论从整体看，还是按细分领域看，虽然有一定幅度的波动，但年均申请量基本维持在75项左右，基本进入了平稳发展阶段。

从北欧化工在聚烯烃各细分领域的专利申请数量表现可以看出，聚丙烯的相关专利申请量最多，其次是聚乙烯，聚烯烃弹性体的相关专利申请量较少，因此，从专利申请量角度看，聚丙烯和聚乙烯是北欧化工技术布局的重点领域。

4.1.2.2 全球专利布局分析

图4-13为北欧化工聚烯烃在主要国家/地区的专利申请量分布，从该图可以看出，欧洲地区是北欧化工的主要专利技术布局地区，北欧化工在欧专局申请专利共计996项，约占总申请量（总专利族数）的66%，除了欧洲地区的专利申请之外，北欧化工也在中国大陆（约占总申请量的49%）、美国（约占总申请量的48%）布局申请了大量的聚烯烃相关专利。

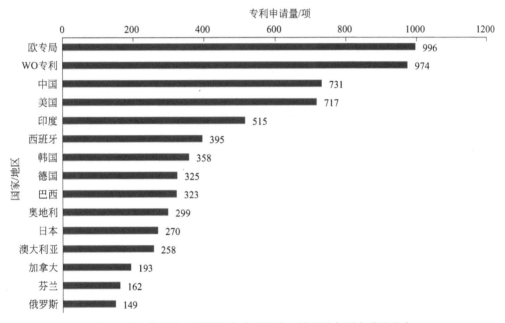

图4-13 北欧化工聚烯烃在主要国家/地区的专利申请量分布

中国大陆、美国以及印度之所以成为北欧化工聚烯烃专利布局的重点地区，原因在于这些地区对聚烯烃巨大的市场需求量，尤其对于中国、印度这样全球快速发展的新兴经济体，随着制造业的迅猛发展，相关配套的材料与技术都在不断地发展，为了确保在该地区的核心竞争力，自然也就会在该地区布局更多的专利。

按细分领域分布看（图4-14），北欧化工聚乙烯、聚丙烯的专利布局重点地区与聚烯烃整体布局保持一致，其中在聚丙烯布局的专利数量相对聚乙烯更多。

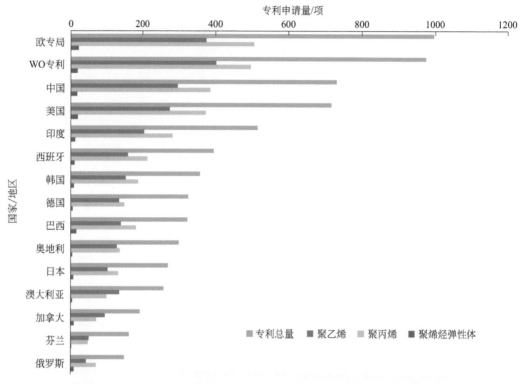

图4-14　北欧化工聚烯烃在主要国家/地区按细分领域的专利申请量分布

按技术领域分布看（图4-15），对于技术发达国家/地区如欧、美、日、德等，北欧化工在催化剂领域的专利布局相对更多，而在聚合、改性与加工方面各国的分布差异并不明显。

4.1.2.3　全球专利法律状态分析

北欧化工聚烯烃全球专利的法律状态分布（图4-16）：处于有效状态的专利4134件，失效专利3944件，失效专利中放弃的专利2739项，主动撤销的专利416件，过期不维护的专利789件。在有效专利中在申请中的专利1102件，已授权专利3032件。

（1）失效专利分析

通过对失效状态的专利作进一步的分析与统计，发现其中过期专利主要集中在2002年以前的专利申请，结合专利申请趋势分析结果，可以看出2002年以前北欧化工聚烯烃相关技术处于技术萌芽发展阶段，该阶段的相关专利汇集

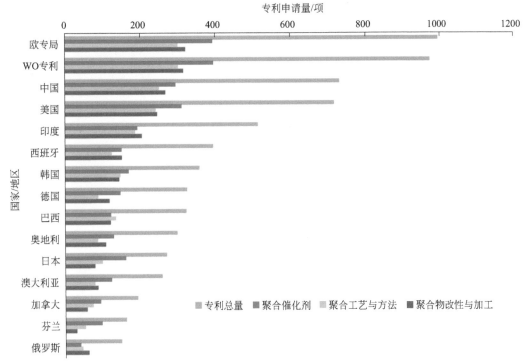

图 4-15　北欧化工聚烯烃在主要国家/地区按技术领域的专利申请量分布

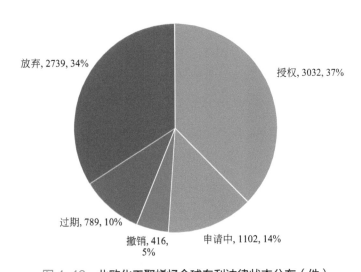

图 4-16　北欧化工聚烯烃全球专利法律状态分布（件）

了北欧化工在聚烯烃领域的基础核心技术专利，其中包括 Borstar® 生产技术的相关专利，如 US5326835 多阶段制备聚乙烯，采用的就是浆液气相组合工艺技术。

　　研究国外领先企业过期专利，可以助力国内企业更方便地获取核心技术，打破技术壁垒，快速将领先企业的先进技术消化，并形成生产力。对领先企业刚刚过期或即将过期的专利进行及时全面的跟踪监测，对企业获取技术、发展技术意义重大。为此我们对北欧化工聚烯烃领域近三年（2018—2021 年）过期的专利进行梳理，得到 323 件过期专利，将 323 件专利按国家/地区进行统计，可以看出在 2018—2021 年期间，北欧化工在中国共有 17 件（按专利家族合并为 16 项）过期专利（见图 4-17），利用 Orbit 专利综合评价模块，对上述过期专利及技术方向进行梳理与评价，具体梳理结果见表 4-6。

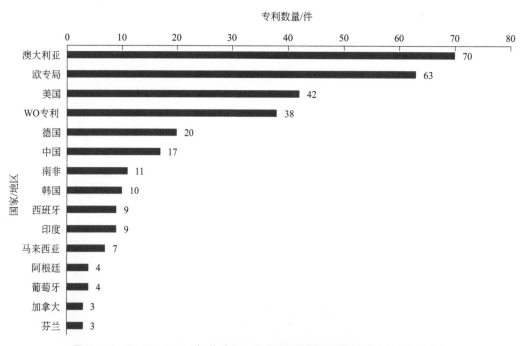

图 4-17　2018—2021 年北欧化工聚烯烃过期专利的主要国家/地区分布

表 4-6　2018—2021 年北欧化工在中国过期专利清单（按专利家族）

序号	技术方向	专利公开号	过期时间	专利强度	专利影响力	市场覆盖面
1	在基材上生成聚乙烯涂层的方法	CN1181127	2021-02-19	4.56	4.75	2.02
2	用于生产丙烯均聚或共聚物纤维的方法	CN1332080	2020-12-27	2.9	3.85	0.99
3	高劲度丙烯聚合物及其制备方法	CN1125123	2020-05-08	6.93	9.97	2.1
4	生产 α- 烯烃聚合物的方法	CN1175012	2020-05-04	4.76	4.51	2.27
5	α- 烯烃聚合反应催化剂体系及其在 α- 烯烃聚合反应中的应用	CN1150214	2020-02-11	4.04	2.37	2.44

序号	技术方向	专利公开号	过期时间	专利强度	专利影响力	市场覆盖面
6	聚合反应器出料方法及设备	CN1155623	2019-11-12	6.33	7.23	2.58
7	用于管子的聚合物组合物	CN1147528	2019-09-24	5.97	7.36	2.24
8	负载型烯烃聚合催化剂组合物的制备方法、所制得的催化剂及用途	CN1149231	2019-05-24	5	6.58	1.73
9	在催化剂存在下制备均相聚乙烯材料的方法	CN1130387	2019-05-10	5.44	6.01	2.29
10	烯烃聚合反应催化剂组分，其制备和用途	CN1202140	2019-04-06	6.35	8.11	2.29
11	制备聚丙烯的方法	CN1106409	2018-11-09	7.04	9.84	2.24
12	新型丙烯聚合物及其产品	CN1116316	2018-11-09	6.98	9.8	2.2
13	含滑石的聚丙烯组合物	CN100369961	2018-11-09	4.93	5.34	2.11
14	制备丙烯均聚物和共聚物的方法和设备	CN1155639	2018-06-24	7.65	10.33	2.56
15	丙烯三元共聚物及其制备方法	CN1107084	2018-06-24	5.76	6.72	2.3
16	制备丙烯聚合物的方法	CN1140554	2018-06-24	3.22	4.86	0.9

注：1. 专利强度：该数值基于专利家族的前向引用量，以及已授权或正在审查中的公开国的 GDP。

2. 专利影响力：该指标基于专利家族的前向引用（被引量）数量，并考虑专利年龄和技术领域。

3. 市场覆盖面：该数值基于专利家族已授权或正在审查中的公开国的 GDP。

（2）有效专利分析

从北欧化工聚烯烃全球专利法律状态分布情况可以看出，目前北欧化工聚烯烃相关有效专利共 4134 件，对处于有效状态的专利作进一步分析，发现北欧化工在中国的聚烯烃相关有效专利共计 502 件，其中处于申请状态的专利 113 件，授权专利 389 件（见图 4-18）。

对有效专利按有效年限进行划分，有效年限在 5 年以内的有 27 件（按专利家族合并为 24 项），有效期在 5 ～ 10 年的有 89 件，有效期在 10 ～ 15 年的有 176 件，有效期在 15 年以上的有 297 件，可以看出北欧化工的聚烯烃相关专利在中国市场的保护还将持续很长时间。

利用 Orbit 专利综合评价模块，对有效年限在 5 年以内的专利及技术方向进行梳理与评价，具体梳理结果见表 4-7。

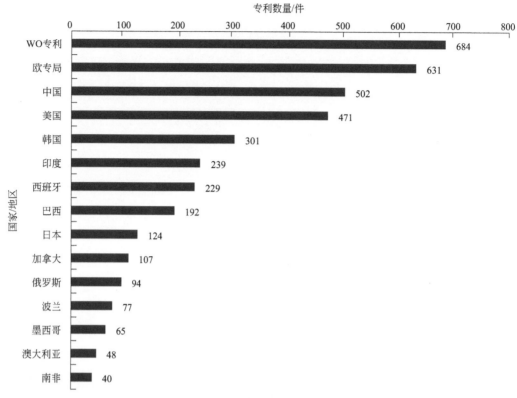

图 4-18　北欧化工聚烯烃有效专利的主要国家 / 地区分布

表 4-7　北欧化工在中国有效年限在 5 年以内的专利清单（按专利家族）

序号	技术方向	专利公开号	过期时间	专利价值	专利强度	专利影响力	市场覆盖面
1	丙烯共聚物的制备方法	CN100351277	2022-05-03	0.39	4.69	5.58	1.83
2	工业聚烯烃管道系统	CN1229426	2022-05-21	0.21	2.88	2.96	1.29
3	具有改进的性能的丙烯聚合物	CN1235923	2022-05-21	0.19	2.99	3.59	1.16
4	用于管道的丙烯聚合物管	CN1228355	2022-05-21	0.27	3.28	3.37	1.47
5	烯烃聚合催化剂及其制备方法	CN1308355	2022-06-18	1.37	7.29	8.85	2.79
6	包括丙烯无规共聚物的聚合物膜	CN100516123	2022-06-26	0.58	5.55	5.55	2.54

序号	技术方向	专利公开号	过期时间	专利价值	专利强度	专利影响力	市场覆盖面
7	具有改善性能的丙烯聚合物树脂	CN100569821	2022-06-26	0.4	5.49	5.26	2.59
8	丙烯无规共聚物及其制备方法	CN100386354	2022-06-26	0.64	6.08	6.34	2.69
9	压力管	CN1249110	2022-11-06	0.78	5.93	4.87	3.09
10	烯烃聚合催化剂载体的制备方法以及烯烃聚合催化剂	CN100471884	2022-12-18	0.7	5.06	5.91	2.02
11	烯烃聚合催化剂的制造	CN100503659	2022-12-18	0.95	7.64	9.07	2.99
12	高冲击强度膜	CN100506868	2023-02-03	0.89	6.47	7.06	2.75
13	线型低密度聚乙烯组合物的制造方法	CN1325528	2023-06-19	0.53	5.74	5.98	2.54
14	透气膜	CN100398596	2023-06-19	0.58	4.36	5.74	1.51
15	收缩膜	CN100465203	2023-07-29	0.45	4.35	3.81	2.18
16	收缩薄膜	CN100354355	2023-07-29	0.84	4.51	2.88	2.64
17	具有改进高温活性的烯烃聚合催化剂组分的制备方法	CN1315892	2023-09-30	2.19	6.04	7.16	2.37
18	生产烯烃聚合物的方法和装置	CN100354311	2023-10-27	1.22	7.09	8.02	2.92
19	涂料组合物，其制备方法和用其涂布的基底	CN100336876	2024-01-28	1.57	4.53	3.84	2.32
20	烯烃催化聚合的方法、反应器体系和它在该方法中的用途	CN100575370	2024-05-11	2.62	7.17	9.13	2.59

序号	技术方向	专利公开号	过期时间	专利价值	专利强度	专利影响力	市场覆盖面
21	使用 ziegler-natta 催化剂制备聚丙烯的方法	CN1802392	2024-06-04	0.6	4.98	5.95	1.94
22	无压聚合物管	CN100551962	2025-03-31	1.39	4.19	3.07	2.31
23	生产烯烃聚合物的方法和设备	CN1953996	2025-04-29	2.04	4.79	4.17	2.41
24	制备多相 α-烯烃聚合物的方法	CN1976955	2025-05-18	0.96	2.58	3.5	0.86

注: 1. 专利价值: 该数值基于专利强度运算, 同时考量专利的剩余保护期, 失效专利的分值为 0。
2. 专利强度、专利影响力、市场覆盖面的含义同表 4-6。

4.1.2.4 技术主题布局分析

为分析与研判北欧化工当前在聚烯烃领域的技术布局情况, 我们利用 Orbit 全球专利分析工具, 对当前北欧化工聚烯烃各细分领域的有效专利进行技术主题聚类分析。

（1）聚乙烯

截止到检索日, 北欧化工聚烯烃细分领域聚乙烯有效专利共计 1714 件, 通过聚类分析, 得到 15 个技术主题方向, 见图 4-19。主题覆盖了聚合制备、改性与加工, 以及下游应用等相关方向。其中, 在聚合制备相关方向中, 包括了超高分子量聚乙烯的制备、双峰 - 多峰聚乙烯的制备, 多峰乙烯共聚物的制备等主题; 此外, 在聚合体系方面, 还包括了淤浆聚合工艺、高温溶液聚合方法及催化剂体系、固体催化剂体系等主题。在改性与加工相关方向中, 改性方面包括了聚乙烯 - 聚丙烯的共混改性、阻燃改性、低温耐压改性、应力开裂改性等主题; 加工方面包括了聚乙烯的共混、注塑、拉伸等主题。在应用领域相关方向中, 按形态分类包括了管装材料的应用、层状材料的应用、聚乙烯膜的应用等主题, 按应用场景分类包括了无压力、高压力、绝缘、高强度、低温抗冲击等主题。

另外, 在聚乙烯废料回收利用相关方向中, 北欧化工也公开了多项专利（如 EP3237533 等）, 通过利用电缆护套废料的回收材料制成热塑性弹性体（TPE）组合物, 回收技术采用 NKT 集团开发的 PlastSeP 工艺, 从废料中回收交联聚乙烯。

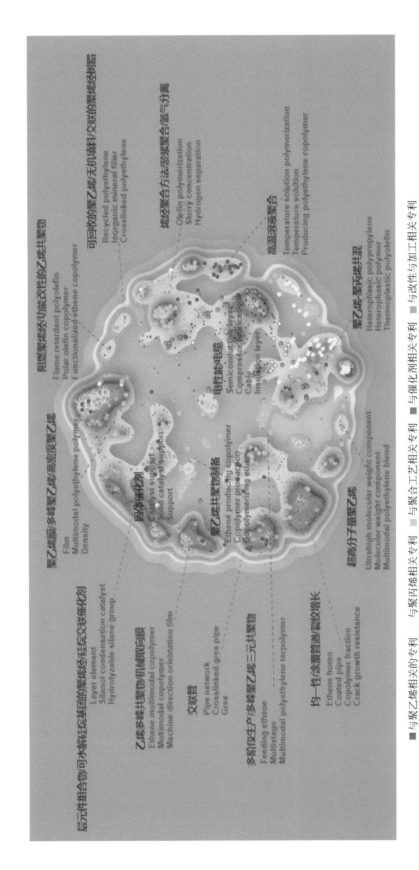

后元件组合物可水解含烷氧基团的聚硅氧烷经烷交联催化剂
Layer element
Silanol condensation catalyst
Hydrolyzable silane group

乙烯多烯共聚物/机械取向膜
Ethene multimodal copolymer
Multimodal copolymer
Machine direction orientation film

交联管
Pipe network
Crosslinked grex pipe
Grex

多阶段生产多峰聚乙烯三元共聚物
Feeding ethene
Multistage
Multimodal polyethylene terpolymer

均一性/涂覆管道/裂纹增长
Ethene homo
Coated pipe
Copolymer fraction
Crack growth resistance

聚乙烯膜/多峰聚乙烯高密度聚乙烯
Film
Multimodal polyethylene polymer
Density

固体催化剂
Catalyst support
Solid catalyst support
Support

聚乙烯共聚物制备
Ethene producing copolymer
Copolymer production
Copolymerizing silane

电性能/电器
Semiconductive layer
Compressed composition
Cable
Insulation layer

超高分子量聚乙烯
Ultrahigh molecular weight component
Molecular weight component
Multimodal polyethylene blend

阻燃聚烯烃/功能改性的乙烯共聚物
Flame retardant polyolefin
Polar olefin copolymer
Functionalized ethene copolymer

可回收的聚乙烯/无机填料/交联的聚烯烃树脂
Recycled polyethylene
Inorganic mineral filler
Crosslinked polyethylene

烯烃聚合方法淤浆聚合/氢气分离
Olefin polymerization
Slurry concentration
Hydrogen seperation

高温溶液聚合
Temperature solution polymerization
Temperature solution
Producing polyethylene copolymer

聚乙烯-聚丙烯共混
Heterophaeic polypropylene
Heterophasic polymer
Thermoplastic polyofefin

图4-19 北欧化工聚乙烯基于专利的技术主题聚类分析

■ 与聚乙烯相关的专利　■ 与聚合工艺相关专利　■ 与催化剂相关专利　■ 与改性与加工相关专利

■ 与聚丙烯相关专利

（2）聚丙烯

截止到检索日，北欧化工聚烯烃细分领域聚丙烯有效专利共计 2985 件，通过聚类分析，得到了 16 个技术主题方向，见图 4-20。其中在用于管材的多峰聚丙烯、无规则共聚聚丙烯、聚丙烯组合物及改性聚丙烯的制备方面，主要围绕高强度、易加工、耐用性等进行专利布局，此外，在聚丙烯回收料用于管材制备方面，北欧化工也布局了相关专利（如 EP3715410 等）。在聚丙烯的柔性改制方面，涉及多个关联主题，包括苯乙烯基弹性体的共混、聚丙烯的支化等，具体内容方面北欧化工通过选用特定催化剂，来生产低拉伸模量、低邵氏 D 硬度的柔性聚丙烯（如 CN11527140 等）；利用无规则共聚的方式制备丙烯共聚物，该共聚物的组合物能够在较高的流动速率下保持甚至改善冲击强度（如 CN111032706 等）。在增强聚丙烯机械性能方面，北欧化工的公开专利强调利用纤维增强的方式，通过调节纤维含量来调节聚丙烯的刚度和强度（如 CN111372988 等）；此外，专利中还公开通过与聚乙烯共混的方式增强了低温下聚丙烯的冲击强度（如 CN106232707 等）。在聚丙烯密封材料的制备方面，北欧化工布局了大量的专利，相关专利聚焦低密封起始温度和高熔融温度的聚丙烯组合物的布局，其中聚丙烯主要为丙烯与 1- 己烯的共聚物。在催化剂的专利布局方面，可以看出北欧化工在茂金属配合物催化剂方面布局了更多的专利，这主要与北欧化工更多的在柔性、高流动性聚丙烯的布局直接相关，通过利用茂金属催化剂，可以获得熔点低、性能高的薄膜或模塑产品。

（3）聚烯烃弹性体

截止到检索日，北欧化工聚烯烃细分领域聚烯烃弹性体有效专利共计 17 项（按专利家族合并，见表 4-8），由于专利数量较少，本小节仅将相关专利进行梳理，并利用 Orbit 专利评价模型进行评价。

4.1.3　小结

北欧化工是欧洲第二大、全球第六大聚烯烃生产商，在欧洲、中东及亚太石化产品市场占有重要地位。北欧化工以其拥有的先进的聚烯烃双峰聚合技术，供应的优质产品，持续不断的创新而闻名。

北欧化工的高端聚烯烃材料得益于专有的 Borstar® 技术，通过对其全球专利申请趋势分析可以看出，该项技术主要来源于早期合并公司之一的 Neste 公司，北欧化工成立后，在已有的技术条件基础上对聚烯烃的合成、催化剂、应

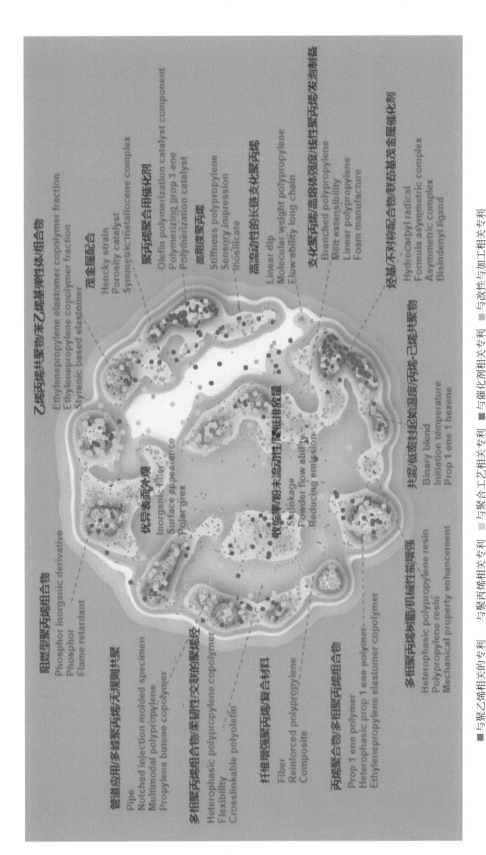

图 4-20　北欧化工聚丙烯基干专利的技术主题聚类分析

阻燃型聚丙烯组合物
Phosphor inorganic derivative
Phosphor
Flame retardant

管道应用/多峰聚丙烯无规则共聚
Pipe
Notched injection molded specimen
Multimodal polypropylene
Propylene butene copolymer

多相聚丙烯组合物/柔韧性/交联性的聚烯烃路
Heterophasic polypropylene copolymer
Flexibility
Crosslinkable polyolefin

纤维增强聚丙烯复合材料
Fiber
Reinforced polypropylene
Composite

丙烯聚合物/多相聚丙烯组合物
Prop 1 ene polymer
Heterophasic prop 1 ene polymer
Ethyleneproylene elastomer copolymer

多相聚丙烯树脂/机械性能增强
Heterophasic polypropylene resin
Polypropylene resin
Mechanical property enhancement

乙烯丙烯共聚物/苯乙烯基弹性体/组合物
Ethylenepropylene elastomer copolymer fraction
Ethylenepropylene copolymer fraction
Styrenic based elastomer

茂金属配合
Hencky strain
Porosity catalyst
Symmetric metallocene complex

聚丙烯聚合用催化剂
Olefin polymerization catalyst component
Polymerizing prop 1 ene
Polymerization catalyst

高刚度聚丙烯
Stiffness polypropylene
Sensory impression
Inosilicate

高流动性的长链支化聚丙烯
Linear dip
Molecular weight polypropylene
Flow ability long chain

支化聚丙烯/高熔体强度/线性聚丙烯/发泡制备
Branched polypropylene
Melt extensibility
Linear polypropylene
Foam manufacture

烃基不对称配合物/联茚基茂金属催化剂
Hydrocarbyl radical
Formula asymmetric complex
Asymmetric complex
Bisindenyl ligand

优异表面外观
Inorganic filler
Surface appearance
Polargrex

收缩率/粉末添加/生坯流能性/降低排放量
Skrinkage
Powder flow ability
Reducing emission

共聚/低密封起始温度/丙烯-己烯共聚物
Binary blend
Initiation température
Prop 1 ene 1 hexene

■ 与聚乙烯相关的专利　　与丙烯相关专利　■ 与聚合工艺相关专利　■ 与催化剂相关专利　■ 与改性与加工相关专利

表 4-8　北欧化工在聚烯烃弹性体领域的专利清单

序号	技术方向	公开号	最早申请时间	专利价值	专利强度	专利影响力	市场覆盖面
1	机械性能和低收缩率及低线性热膨胀系数均衡的高流动性热塑性聚烯烃	CN104204069	2013-04-03	5	4.78	3.59	2.61
2	通过多级方法生产的具有高流动性和优异的表面质量的热塑性聚烯烃	CN102066478	2009-06-12	4	5.3	4.8	2.6
3	包含低级醇和邻苯二甲酸酯的转酯化产物的ziegler-natta 原催化剂在生产具有改良的涂覆性能的反应器级热塑性聚烯烃中的用途	CN101889033	2007-12-06	0.4	0.58	0	0.47
4	改善热塑性聚烯烃组合物的流变性能	CN112368501	2019-05-17	1.66	1.77	0	1.43
5	具有优异的低温冲击的高流动性 tpo 组合物	CN108350241	2016-11-17	6.01	4.25	2.43	2.59
6	用于汽车内饰的具有力学性能间的优异平衡的高流动性 tpo 组合物	CN108350240	2015-11-17	5.63	4.11	0.68	3.09
7	聚合物组合物	US10290390	2014-02-21	5	3.94	4.32	1.67
8	具有优越电性能的用于电线电缆应用的聚合物组合物	CN111837200	2018-12-18	0.93	1.35	0	1.09
9	具有优异的断裂拉伸应变和低粉黏性的高流动性 tpo 组合物	CN108350242	2016-11-17	2.88	2.38	0	1.93
10	热塑性聚烯烃组合物	CN102365325	2010-04-06	3.87	4.82	5	2.14
11	用于交联管的聚合物组合物	CN102449057	2009-05-26	1.78	2.41	2.75	0.98

序号	技术方向	公开号	最早申请时间	专利价值	专利强度	专利影响力	市场覆盖面
12	具有改进的热粘力的聚丙烯组合物	CN107849413	2016-05-31	7.2	5.38	3.8	3.02
13	用于交联物的聚合物组合物	CN102449056	2009-05-26	3.5	4.95	4.21	2.53
14	包含乙烯共聚物的层压膜	CN108779304	2016-03-24	3.92	3.06	0	2.48
15	具有热塑性绝缘层的电缆	CN1989197	2004-07-20	1.59	4.98	5.01	2.27
16	火焰灵敏度得以降低的热塑性聚烯烃化合物	CN102421844	2009-05-07	3.16	3.79	3.16	1.96
17	聚烯烃多层管	CN1263791	2001-05-21	0.21	5	5.66	2.06

用技术等方面进一步继承和发展。从北欧化工公开专利数据拟合的技术成熟度曲线可以看出，北欧化工在聚烯烃相关方面已趋于成熟，目前已进入稳定成长阶段，近年来在聚乙烯、聚丙烯领域一直保持着较高且稳定的申请量。

在专利市场布局方面，欧洲、中国、美国以及印度是北欧化工聚烯烃相关专利布局的重点国家/地区，与这些地区较高的市场需求量表现一致。按细分领域看，对于技术发达国家/地区如欧、美、日、德等，北欧化工在催化剂领域的专利布局相对更多，而在聚合、改性与加工方面各国的分布差异并不明显。

在专利法律状态方面，北欧化工在华专利有效期在 5 年以内的有 27 件，有效专利在 5～10 年的有 89 件，有效期在 10 年以上的共计有 473 件，可以看出北欧化工的聚烯烃相关专利在中国市场的保护还将持续很长时间。

按聚烯烃细分领域看，北欧化工的专利布局更多地集中在了聚乙烯和聚丙烯两个领域，在聚烯烃弹性体方面的布局专利并不多。根据聚乙烯的专利布局主题分析结果看，包括了聚乙烯的聚合制备、聚乙烯的改性与加工，以及聚乙烯的下游应用等，在聚乙烯废料回收方面也有相关专利布局。根据聚丙烯的专利布局主题分析结果看，聚焦到了用于管材制备的各类聚丙烯，以及柔性改制和密封用聚丙烯等领域，此外，在聚丙烯催化剂领域方面，布局了茂金属配合物催化剂的相关专利，这主要与北欧化工更多的在柔性、高流动性聚丙烯的布局直接相关，通过利用茂金属催化剂，可以获得熔点低、性能高的薄膜或模塑产品。

4.2
利安德巴塞尔

4.2.1 概述

4.2.1.1 公司发展历程

　　利安德巴塞尔（LyondellBasell）的前身巴塞尔公司是巴斯夫（BASF）和壳牌（Shell）在 2000 年合并聚烯烃业务成立的合资公司，2005 年被两家公司剥离后独立运营。2007 年巴塞尔斥资 190 亿美元并购美国利安德公司，改名利安德巴塞尔，主要业务涉及基础化学品、炼油业务等，是全球最大的聚丙烯和聚烯烃工程塑料生产商、聚烯烃催化剂的主要供应商，以及全球领先的聚丙烯、聚乙烯生产工艺开发和生产许可证发放者。

1953—1954	• 公司前任科学家 Karl Ziegler 和 Giulio Natta 在聚乙烯和聚丙烯制造方面取得了突破性发现
1955	• 公司前身 Hoechst，在德国法兰克福开始工业化生产聚乙烯
1957	• 公司前身 Montecatini，成为首家工业化生产热塑性树脂的公司
1963	• Karl Ziegler 和 Giulio Natta 获得诺贝尔化学奖
1969	• 公司前身 Atlantic Richfield Company（ARCO），开发了 PO/TBA 工艺（环氧丙烷和叔丁醇作为副产品）

1975	• 第一家生产 Hostalen 高密度聚乙烯（HDPE）工厂启动
1982	• 公司前身 Montedison，首次推出 Spheripol 工艺，是目前应用最广泛的聚烯烃工艺技术
1985	• Atlantic Richfield Company（ARCO）的化工和炼油板块组成了利安德化学公司
2000	• Montell、Targor 和 Elenac 合并成巴塞尔公司，Shell 和 BASF 各占 50% 股份
2001	• 巴塞尔在法国启动了世界最大的低密度聚乙烯（LDPE）装置，单线产能为 32 万吨 / 年
2002	• 公司推出 Sperizone 工艺
2007	• 巴塞尔收购利安德组成利安德巴塞尔
2010	• 利安德巴塞尔在纽约证券交易所上市
2017	• 利安德巴塞尔在得克萨斯州建造新的 Hyperzone HDPE 工厂，并利用该公司持有的 Hyperzone PE 技术
2018	• 公司完成对全球领先的高性能塑料制造商舒尔曼的收购，成立了高性能聚合物解决方案部门（APS）
2019	• 公司推出 Circulen 和 Circulen Plus 生物基聚合物

2020	• 公司连续 3 年荣获《财富》杂志 "全球最受尊敬公司" 殊荣

2021	• 在韩国蔚山启动年产 40 万吨 PP 合资项目 • 将 Circulen 系列可持续解决方案扩展至先进聚合物解决方案部门

4.2.1.2 聚丙烯主要产品应用及工艺技术

利安德巴塞尔是全球最大的聚丙烯生产商和营销商，聚丙烯产能可达 774.5 万吨 / 年。聚丙烯产品有 410 多个牌号，主要包括茂金属聚丙烯、高结晶聚丙烯、无规共聚聚丙烯、特种聚丙烯、均聚聚丙烯和抗冲共聚聚丙烯六大类。聚丙烯产品及应用领域见表 4-9。

表 4-9 利安德巴塞尔聚丙烯产品及应用领域

产品类别	产品	特性	应用领域
茂金属聚丙烯	Adstif Metocene Moplen 共 8 个牌号	光学和加工特性好，极高的纯度	纤维、医疗、热成型、流延膜、注塑成型、复合中的流动改性剂
高结晶聚丙烯	Adstif Purell Moplen 共 8 个牌号	耐高温、高强度、高刚性	热成型、流延膜（CPP）、双向拉伸薄膜（BOPP）、TWIM 容器、常规注塑成型，广泛应用在汽车部件、家庭用品、技术设备、食品容器等
无规共聚聚丙烯	Clyrell Hostalen Moplen Pristene Pro-fax Purell 共 69 个牌号	透明度和光泽度好、熔点范围广、延展度高、抗辐射性好	高透明性包装、注塑、管材、实验室器具、医疗器材等
特种聚丙烯	Clyrell Integrate Moplen 共 17 个牌号	高透明度、出色的低温抗冲击性、出色的密封强度和美感，以及出色的触感、柔韧性、韧性和耐用性	管材、医疗、汽车、建筑等

产品类别	产品	特性	应用领域
均聚聚丙烯	Adstif Circulen Hostalen Metocene Moplen Pro-fax Purell 共 158 个牌号	可用于不同的加工技术中，如注塑、吹塑、薄膜、纤维、片材挤压和热成型等	包装、家居用品、纺织品、薄膜、医疗保健和管材以及汽车和电气行业应用
抗冲共聚聚丙烯	Adstif Circulen Hifax Hostacom Hostalen Moplen Pro-fax Purell 共 152 个牌号	可用于不同的加工技术中，如热塑、吹塑、薄膜、纤维、片材挤出和热成型等	包装、家庭用品薄膜和管材应用、汽车和电气领域

利安德巴塞尔生产聚丙烯的生产工艺有 Spheripol 工艺和 Spherizone 工艺，两个工艺技术的投资和操作费用相近，但 Spherizone 工艺操作灵活性高，产品切换快，产品范围更宽，更便于氢调，便于生产共聚物，费用低，其产品性能和价格有一定的优势，因此 Spherizone 工艺主要用于生产高端牌号产品。下面分别介绍两个工艺。

（1）Spheripol 工艺

Spheripol 工艺（图 4-21）是利安德巴塞尔应用最广泛的聚丙烯工艺技术，是一种液相预聚合、液相均聚和气相共聚相结合的聚合工艺。该工艺采用模块化设计方式，可分步建设生产不同产品，环管反应器串联气相反应器可生产聚丙烯无规共聚物和均聚物，若再串联一个或两个气相反应器可生产抗冲共聚物。这种模块化设计也易于扩大装置的产能。

Spheripol 工艺可以生产全范围、多用途的各种产品，包括均聚物、无规共聚物、抗冲共聚物等。产品品种多、牌号全。制备的均聚物产品熔体流动速率范围宽，可用于管材、片材挤压、熔喷、薄膜、纤维等。无规共聚物产品净度高、光学性能好、极少催化剂残留，可用于特殊等级的压力管道和低热封的共

CHAPTER4

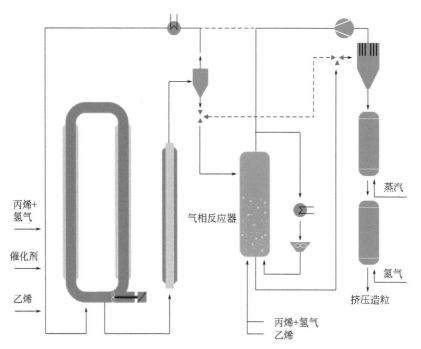

丙烯+
氢气

催化剂

乙烯

气相反应器

蒸汽

氮气

挤压造粒

丙烯+氢气
乙烯

图 4-21　Spheripol 工艺流程图
（数据来源：利安德巴塞尔公司网站）

聚物。多相共聚物低温冲击强度高，可用于管材、汽车保险杠、反应器级的薄膜注塑等。

（2）Spherizone 工艺

Spherizone 工艺（图 4-22）是目前比较先进的聚丙烯生产工艺，该工艺采用多区循环反应器（MZCR），将一个反应器分成提升管和下行床两个独立的反应区域，并且两个反应区具有不同的工艺条件，可分别控制反应温度、氢气浓度、单体浓度。逐步增长的聚合物颗粒在提升管和下行床内快速多次循环，实现聚合物颗粒内类似"洋葱"状的均匀混合。

在采用 Spherizone 工艺时，要严格监测容器内的单体浓度，浓度过高会阻碍反应进行，浓度过低会降低产品质量。

Spherizone 工艺生产的聚丙烯具有更宽的分子量分布和良好的性能，主要用于生产高端牌号产品。单反应器可制备双峰聚丙烯树脂，树脂结晶度高，刚性、力学性能和加工性能良好。

Spherizone 工艺制备的产品范围广，包括均聚、无规共聚和抗冲共聚物。产品颗粒度更均匀，熔体流动速率范围更宽。产品可用于挤出、热成型、膜片、纤维、吹膜等，主要应用在纺织品、包装、汽车、管材、家庭消费品等领域。

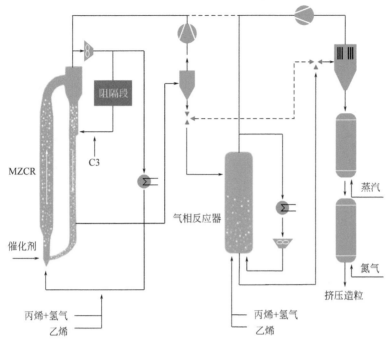

图 4-22　Spherizone 工艺流程图
（数据来源：利安德巴塞尔公司网站）

4.2.1.3　rTPO 主要产品及技术路线

利安德巴塞尔特有的 Catalloy（催化合金）工艺（图 4-23）生产出一种特殊的反应器型的聚烯烃类热塑性弹性体——Catalloy rTPO（Catalloy reactor thermoplastic polyolefins）。TPO 是指橡胶与聚丙烯或聚乙烯共混形成的一类热

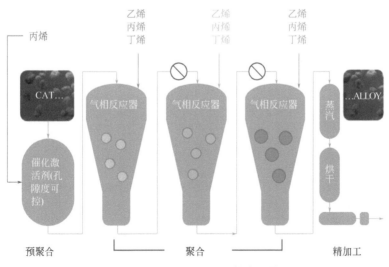

图 4-23　Catalloy 工艺流程图
（数据来源：利安德巴塞尔公司网站）

塑性弹性体，结合了聚烯烃和弹性体的优点。

Catalloy 工艺是在催化剂（球形 Ziegler-Natta 催化剂）作用下多阶段的气相聚合过程。该工艺采用多个独立气相反应器，可引入不同单体进行聚合反应，生成的聚合物直接经反应器制备得到弹性体和热塑性塑料（TPO）。因为 TPO 是在反应器内直接合成，也称为反应器型 TPO（rTPO）。

Catalloy rTPO 产品挠曲模量在 20 ~ 800MPa 之间，产品性能覆盖范围广泛，可以调节刚性、抗冲性、透明度、热阻、柔软性以及与聚烯烃相容性等各种性能之间的平衡，实现产品的性能可调、可控。产品主要的应用领域为：汽车内外饰配件、建筑防水卷材、包装、电线电缆。

利安德巴塞尔通过 Catalloy 工艺生产的 rTPO 产品系列有 Adflex（23 个）、Adsyl（22 个）、Hifax（21 个）、Softell（3 个）、Hiflex（3 个）共 72 个产品牌号。其中，Adflex、Adsyl 和 Hifax 为利安德巴塞尔主要 rTPO 产品系列，见表 4-10。

表 4-10　利安德巴塞尔主要 rTPO 产品及应用领域

商品名	特点	应用领域
Adflex	良好的热性能、耐穿刺、韧性高	汽车内外饰配件、建筑防水卷材、电线电缆、包装
Adsyl	低热封、无黏性、高透明度、良好的光泽性、相对较高的熔点，热性能和机械性能平衡好于聚丙烯和聚乙烯	BOPP 薄膜、吹膜、注射成型产品、包装
Hifax	机械性能、加工性能、韧性、抗冲性能好，耐低温、耐化学腐蚀	汽车内外饰配件、建筑防水卷材、电线电缆、包装

Adflex 和 Hifax 产品具有高柔韧性、高耐热性、抗冲击性强、触感好和易加工等特点。可以用于主要的加工技术中，如注塑、吹塑、片材挤压、热成型、合成、挤出涂布、薄膜应用等。可以替代价格高昂的柔性聚合物或工程树脂，或用于对其他聚合物进行改性。

Adsyl 产品具有低热封、无黏性、高透明度和良好的光泽性等特点，主要用于包装。

4.2.2　聚烯烃材料全球专利申请及布局分析

本章节利用 Orbit 全球专利分析数据库（FamPat）对利安德巴塞尔在全球

的专利申请及布局情况进行检索和分析，检索范围为专利公开日期截止至 2021 年
12 月 31 日，共检索出相关专利 1563 项（13609 件）。

4.2.2.1　全球专利申请趋势分析

1999 年末，巴斯夫集团（BASF）和壳牌集团将两家公司的聚烯烃业务进行
合并，对半出资成立了巴塞尔集团，此次合并主要包括 Elenac、Montell 和 Targor
三家公司，其中，Elenac 公司在合并前是欧洲第二大聚乙烯供应商，Montell 公
司在合并前主要从事全球性的聚烯烃材料及相关产品的生产、营销，其聚丙
烯技术处于全球领先地位，全球许多高产率的聚丙烯装置采用该公司的技术，
Targor 公司在合并前是 BASF 的全资子公司。从利安德巴塞尔作为当前专利权
人的专利申请情况看，成立前的专利也主要来自上述三家企业。从整体趋势看，
利安德巴塞尔在聚烯烃领域的相关专利申请数量从成立到 2012 年期间基本保
持稳定较高的水平，2013 年专利申请量出现下滑，分析原因可能与其研发经
费大幅度下滑有很大关系，2011 年研发经费为 1.96 亿美元，2013 年降至 1.5 亿
美元，而到 2016 年已降至 0.99 亿美元，创新经费的下滑会影响企业创新成果
产出，专利申请数量也会受到影响（图 4-24）。

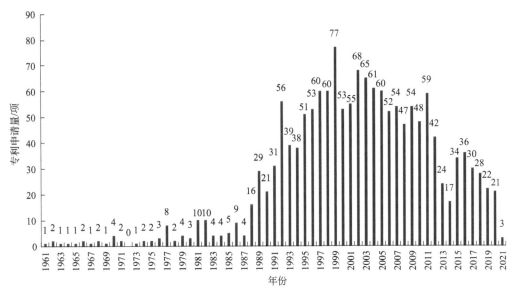

图 4-24　利安德巴塞尔全球专利申请量的时间分布

从聚烯烃细分领域看（图 4-25），利安德巴塞尔聚乙烯和聚丙烯专利申请
数量相近，分别占专利申请总量的 33% 和 34%；聚烯烃弹性体专利数量相对
较少，占比不到 5%。

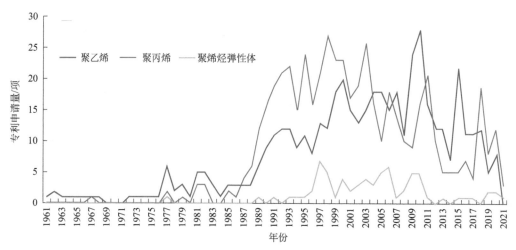

图 4-25　利安德巴塞尔聚烯烃各细分领域全球申请量的时间分布

从技术领域分布看（图 4-26），利安德巴塞尔在催化剂领域专利申请数量最多（约为 70%）。在聚合工艺与方法、改性与加工方面的专利申请数量相对较少，分别为专利总量的 33% 和 23%。

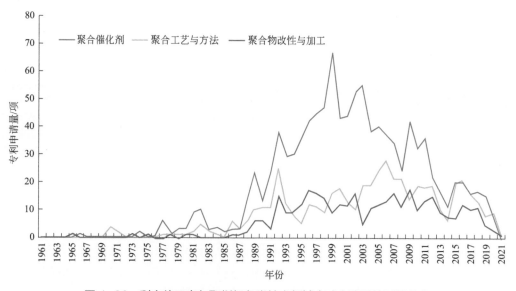

图 4-26　利安德巴塞尔聚烯烃各类技术领域全球申请量的时间分布

根据产品技术生命周期理论，一种产品或技术的生命周期通常由萌芽（产生）、迅速成长（发展）、稳定成长、成熟、瓶颈（衰退）几个阶段构成，我们基于专利申请量的年度趋势变化特征，进一步分析利安德巴塞尔聚烯烃领域的技术发展各个阶段。为了保证分析的客观性，我们以 Logistic growth 模型算法为基础，以专利累计申请数量为纵轴，以申请年为横轴，通过模型计算，拟合出利安德巴塞尔聚烯烃产品技术的成熟度曲线，见图 4-27。

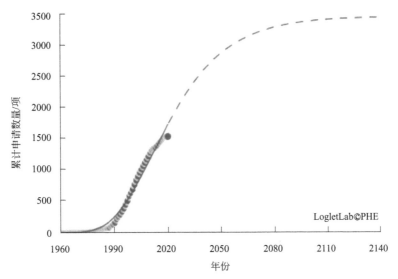

图 4-27　利安德巴塞尔聚烯烃基于专利申请拟合的成熟度曲线

通过数据拟合结果（表 4-11）可以看出，1961—1999 年期间，该阶段的专利为巴塞尔公司成立前的基础专利，整体看经历了从萌芽期到迅速增长期的跨越，巴塞尔成立时，三家合并公司的聚烯烃技术已在全球处于领先地位。

表 4-11　利安德巴塞尔聚烯烃基于专利申请拟合的技术成熟度

拟合度 R^2	萌芽期	迅速成长期	稳定成长期	成熟期
0.981	1961—1993	1994—2012	2013—2041	2042—2064

从巴塞尔公司成立至 2012 年期间，巴塞尔公司又出资收购了利安德化学公司，并更名为利安德巴塞尔，在此期间，利安德巴塞尔的聚烯烃相关技术开始全面发展，无论从聚乙烯和聚丙烯等细分产品，还是从催化剂、聚合以及改性与加工等技术领域方面，相关专利申请数量都达到了阶段性的顶峰。

2013 年至今，利安德巴塞尔处于聚烯烃技术的稳定成长阶段。公司专利申请量变化无论从整体看，还是按细分领域看，都没有较大的变化幅度，整体年均申请量基本维持在 25 项左右，进入了平稳发展阶段，其中聚丙烯和聚乙烯的相关专利数量相差不大，且均远多于聚烯烃弹性体。

另外，从聚烯烃技术领域的专利申请量分布情况可以看出，催化剂领域是利安德巴塞尔专利申请布局的重点。

4.2.2.2　全球专利布局分析

图 4-28 为利安德巴塞尔聚烯烃在主要国家 / 地区的专利申请量分布，从该

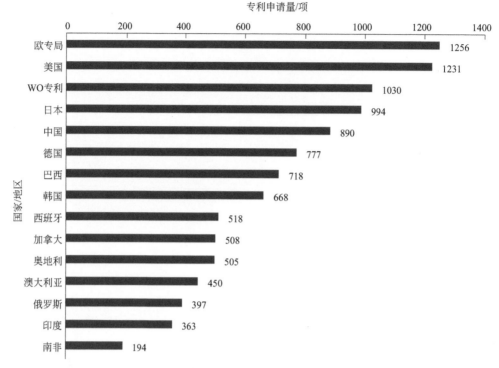

图 4-28 利安德巴塞尔聚烯烃在主要国家／地区的专利申请量分布

图中可以看出，欧洲地区和美国是利安德巴塞尔的主要专利技术布局地区，在欧专局和美国申请专利分别为 1256 项和 1231 项，约占总申请量（总专利族数）的 80% 和 79%。

除了欧洲地区和美国的专利申请之外，利安德巴塞尔也在日本（约占总申请量的 65%）和中国（约占总申请量的 57%）布局申请了大量的聚烯烃相关专利。

作为全球聚烯烃市场重心以及主要的生产地区，欧洲和美国也是利安德巴塞尔聚烯烃专利布局的主要地区。而日本、中国和韩国等亚洲地区对聚烯烃市场需求力度强劲增长，也是公司重点的专利布局地区。

按细分领域分布看（图 4-29），利安德巴塞尔聚乙烯、聚丙烯和聚烯烃弹性体的专利布局重点地区与聚烯烃整体布局基本保持一致，其中在聚丙烯布局的专利数量比聚乙烯稍微多些，且两者的专利量远远多于聚烯烃弹性体。

按技术领域分布看（图 4-30），利安德巴塞尔在催化剂、聚合、改性与加工方面的专利布局重点地区与聚烯烃整体布局基本保持一致。在催化剂领域，利安德巴塞尔对于欧、美、日等技术发达地区专利布局相对更多。而在聚合工艺与方法、改性与加工方面各地区的分布差异不大。

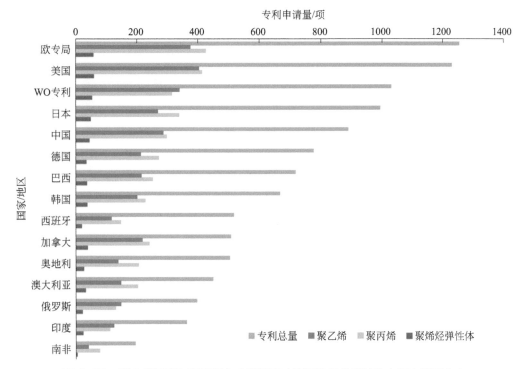

图 4-29　利安德巴塞尔聚烯烃在主要国家／地区按细分领域的专利申请量分布

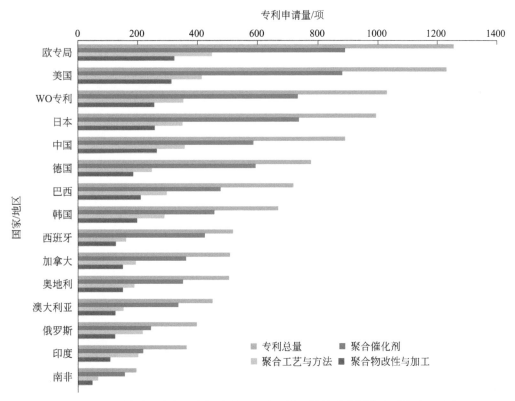

图 4-30　利安德巴塞尔聚烯烃在主要国家／地区按技术领域的专利申请量分布

4.2.2.3 全球专利法律状态分析

利安德巴塞尔聚烯烃全球专利的法律状态分布：处于有效状态的专利 3822 件；失效专利 9786 件，其中包括放弃的专利 6270 件，主动撤销的专利 1220 件，过期不维护的专利 2296 件。在有效专利中在申请中的专利 537 件，已授权专利 3285 件（见图 4-31）。

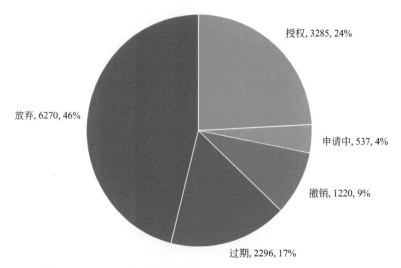

授权, 3285, 24%

申请中, 537, 4%

撤销, 1220, 9%

过期, 2296, 17%

放弃, 6270, 46%

图 4-31　利安德巴塞尔聚烯烃全球专利法律状态分布（件）

（1）失效专利分析

通过对失效状态的专利作进一步的分析与统计，发现其中过期专利主要集中在 1998—2002 年之间且主要在欧洲地区。失效专利覆盖了利安德巴塞尔在聚烯烃催化剂的制备、烯烃聚合过程等方面的基础技术。结合专利申请趋势的分析，可以看出这段时间也是利安德巴塞尔聚烯烃相关技术处于迅速成长期阶段，体现了技术的更新迭代。

研究国外领先企业过期专利，可以助力国内企业更方便地获取核心技术，打破技术壁垒，快速将领先企业的先进技术消化，并形成生产力。对领先企业刚刚过期或即将过期的专利进行及时全面的跟踪监测，对企业获取技术、发展技术意义重大。为此我们对利安德巴塞尔聚烯烃领域近三年（2018—2021 年）过期的专利进行梳理，得到 280 件过期专利，将 280 件专利按国家/地区进行统计，可以看出在 2018—2021 年期间，利安德巴塞尔在中国大陆共有 12 件（按专利家族合并为 9 项）过期专利（见图 4-32），利用 Orbit 专利综合评价模块，对上述过期专利及技术方向进行梳理与评价，具体梳理结果见表 4-12。

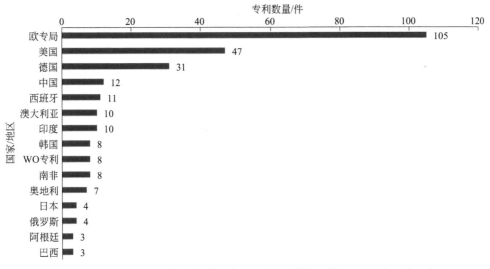

图 4-32　2018—2021 年利安德巴塞尔聚烯烃过期专利的主要国家 / 地区分布

表 4-12　2018—2021 年利安德巴塞尔在中国过期专利清单（按专利家族）

序号	技术方向	专利公开号	过期时间	专利强度	专利影响力	市场覆盖面
1	氯化镁 – 醇加合物、其制备方法以及从中获得的催化剂组分	CN102093397	2018-03-23	1.15	0.76	0.66
2	聚乙烯的制备方法	CN1186358	2021-03-13	5.03	6.25	1.87
3	高全同指数的丙烯聚合物	CN1294159	2020-04-12	7.03	8.13	2.83
4	烯烃聚合用催化剂组分	CN1162451	2019-04-29	6.33	6.54	2.82
5	通过载体材料的浸渍制备含金属载体型催化剂或载体型催化剂组分的方法	CN1146581	2019-07-13	5.31	5.45	2.38
6	2,3- 二氢 -1- 茚酮类化合物以及其制备方法	CN1762957	2018-03-05	6.26	7.56	2.41
7	乙烯和羧酸乙烯酯的共聚方法	CN1100073	2018-09-05	4.16	3.6	2.1
8	链烯 -1(共) 聚合用催化剂的制备	CN1127521	2018-08-19	4.07	2.91	2.27
9	过渡金属化合物、配体体系、催化剂体系及其在烯烃的聚合反应和共聚反应中的用途	CN100575324	2020-12-13	6.9	8.77	2.5

（2）有效专利分析

从利安德巴塞尔聚烯烃全球专利法律状态分布情况可以看出，目前利安德巴塞尔聚烯烃相关有效专利共3822件，对处于有效状态的专利作进一步分析，发现利安德巴塞尔在中国的聚烯烃相关有效专利共计386件（见图4-33），其中处于申请中状态的专利55件，授权专利331件。

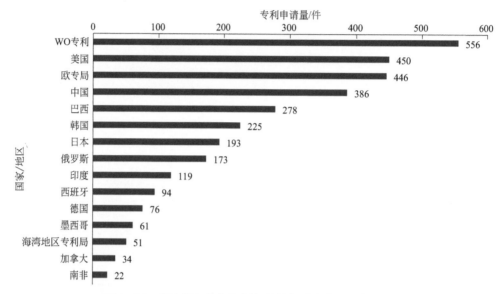

图4-33 利安德巴塞尔聚烯烃有效专利的国家/地区分布

对有效专利按有效年限进行划分，有效年限在5年以内的有58件（按专利家族合并为53项），有效期在5～10年的有86件，有效期在10～15年的有126件，有效期在15年以上的有116件，可以看出利安德巴塞尔的聚烯烃相关专利在中国市场的保护还将持续很长时间。

利用Orbit专利综合评价模块，对有效年限在5年以内的专利及技术方向进行梳理与评价，具体梳理结果见表4-13。

表4-13 利安德巴塞尔在中国有效年限在5年以内的专利清单（按专利家族）

序号	技术方向	专利公开号	过期时间	专利价值	专利强度	专利影响力	市场覆盖面
1	用于烯烃的聚合反应和/或共聚合反应的铬基催化剂的制备方法	CN100537616	2025-06-09	1.72	3.78	3.12	1.96
2	软聚烯烃组合物	CN1257220	2022-04-08	0.41	5.65	4.72	2.91

序号	技术方向	专利公开号	过期时间	专利价值	专利强度	专利影响力	市场覆盖面
3	1-丁烯聚合物（共聚物）及其制备方法	CN1294161	2023-04-07	0.79	4.82	3.47	2.68
4	气相流化床方法中优化热脱除	CN1223614	2022-08-07	0.43	4.82	3.34	2.73
5	丙烯和 α-烯烃的无规共聚物、由其制造的管道系统和它们的制备方法	CN1973160	2025-06-16	2.05	5.23	4.87	2.52
6	具有高度均衡的挺度、冲击强度和断裂伸长及低热收缩的聚烯烃组合物	CN1965026	2025-05-30	2.14	4.97	3.78	2.69
7	适于注射模塑的聚烯烃母料和组合物	CN1946792	2025-03-22	1.61	3.83	2.11	2.36
8	具有高透明度的柔性丙烯共聚物组合物	CN100558807	2025-03-21	0.85	2.47	3.8	0.66
9	控制聚合工艺中聚合物流动的方法	CN100478361	2025-01-31	1.58	4.58	2.97	2.66
10	负载型助催化剂的制备	CN100528914	2024-12-22	1.11	3.41	1.57	2.21
11	乙烯的（共）聚合方法	CN1898274	2024-11-24	1.52	5.36	4.51	2.75
12	用于烯烃聚合反应的具有变直径的回路反应器	CN100490964	2024-09-16	1.47	4.83	3.44	2.7
13	聚烯烃制品	CN100443536	2024-07-22	1.68	4.96	5.82	1.97
14	用于乙烯聚合的方法和装置	CN100582125	2024-07-19	1.67	5.57	4.89	2.79
15	烯烃聚合方法	CN101163723	2024-06-29	1.27	4.58	4.09	2.27

CHAPTER4

序号	技术方向	专利公开号	过期时间	专利价值	专利强度	专利影响力	市场覆盖面
16	测定与调节聚合反应中聚合物混合物的组成的 nmr 方法	CN1965229	2025-06-09	1.46	3.72	1.77	2.39
17	催化剂组分的制备方法和由此获得的组分	CN101050248	2024-05-07	1.63	6.11	5.88	2.88
18	用于烯烃聚合的催化剂体系及其制备和用途	CN101065410	2025-04-21	1.52	4.21	2.36	2.58
19	聚乙烯和用于它的制备的催化剂组合物	CN101824111	2025-04-25	3.14	7.28	7.73	3.17
20	气相烯烃聚合方法	CN100362025	2023-12-18	1.16	4.96	3.93	2.63
21	耐冲击的聚烯烃组合物	CN100523076	2024-03-29	1.57	5.53	4.85	2.77
22	聚烯烃母料和适于注射模塑的组合物	CN100445330	2024-03-29	2.2	5.92	5.27	2.94
23	在悬浮液中制备聚烯烃的方法	CN1918196	2025-01-25	1.55	3.56	2.4	2.04
24	乙烯和 α- 烯烃的共聚物	CN101372521	2023-12-18	0.82	4.38	3.82	2.2
25	过渡金属有机化合物、双环戊二烯基配体体系，催化剂体系和聚烯烃制备	CN100473669	2024-12-06	1.99	6.02	6.5	2.59
26	氯化镁基加合物及由其制备的催化剂组分	CN103073661	2023-11-25	1.25	5.67	5.74	2.57
27	1- 丁烯共聚物及其制备方法	CN100491421	2023-11-03	1.49	4.79	3.13	2.78
28	乙烯均聚物或共聚物的连续制备	CN1867595	2024-10-27	1.85	4.41	3.9	2.2

序号	技术方向	专利公开号	过期时间	专利价值	专利强度	专利影响力	市场覆盖面
29	烯烃的气相催化聚合	CN100436491	2023-09-25	0.46	4.36	4.31	2.01
30	外消旋茂金属配合物的选择性制备方法	CN1267441	2021-06-28	0.05	3.96	1.45	2.7
31	烯烃聚合用组分和催化剂	CN102643370	2023-08-01	0.88	4.57	4.99	1.94
32	高透明度柔性丙烯共聚物组合物	CN1290885	2023-06-10	1.15	5.57	5.17	2.69
33	在齐格勒催化剂存在下制备聚-1-烯烃的方法	CN100503660	2023-05-22	0.94	4.03	2.71	2.31
34	在气相流化床反应器内有机过渡金属化合物存在下高分子量聚烯烃的制备	CN100368448	2024-04-01	1.42	3.43	2.19	2.01
35	二氯化镁-乙醇加合物和由它获得的催化剂组分	CN100415782	2023-03-17	0.62	4.11	3.35	2.15
36	用于制备耐冲击聚烯烃制品的聚烯烃母料	CN1315934	2023-03-06	0.7	5.09	4.36	2.59
37	制备二醚基催化剂组分的方法	CN1315882	2023-02-28	0.68	4.33	3.86	2.15
38	用于生产小型容器的聚乙烯吹塑组合物	CN100349972	2023-12-06	1.36	5.35	5.46	2.41
39	抗冲击聚烯烃组合物	CN1282700	2022-12-11	0.5	3.96	4.16	1.74
40	载体上的铬催化剂及其用于制备乙烯均聚物和共聚物的用途	CN1296396	2023-12-09	1.07	4.44	4.28	2.09

序号	技术方向	专利公开号	过期时间	专利价值	专利强度	专利影响力	市场覆盖面
41	用于烯烃聚合反应的方法	CN100422221	2022-12-10	1.07	5.95	4.65	3.18
42	聚烯烃的塑料管	CN1273501	2022-11-20	0.48	3.37	3.35	1.55
43	含未取代的或2-取代的茚基配体的桥连茂金属络合物的外消旋选择性制备	CN100349925	2023-10-22	1.01	3.59	1.89	2.24
44	部分氢化的外消旋柄型茂金属络合物的制备	CN100363372	2023-10-22	1.1	4.36	1.99	2.83
45	可异构化的柄型茂金属二酚盐络合物的外消旋选择性制备	CN100457764	2023-10-22	0.94	3.93	2.2	2.41
46	烯烃的聚合方法	CN1255441	2022-09-10	0.26	2.7	0.45	2.03
47	用于烯烃聚合反应的组分和催化剂	CN100415778	2022-09-04	0.49	4.49	4.02	2.22
48	热成型聚烯烃板	CN1307240	2021-12-13	0.23	5.39	5.42	2.46
49	连续制备用于α-烯烃聚合的固体催化剂组分的方法	CN1252095	2021-12-10	0.21	4.5	3.53	2.4
50	含镁的二卤化物的球形载体的制备方法	CN1239259	2021-12-04	0.2	4.06	3.15	2.18
51	连续气相聚合方法	CN1255434	2022-10-29	0.58	5.14	4.08	2.73
52	用于烯烃聚合的催化剂组分	CN1221573	2021-09-24	0.13	6.66	7.06	2.91
53	在具有变直径的回路反应器内进行烯烃聚合反应的方法	CN1856357	2024-09-16	1.3	4.15	4.06	1.93

4.2.2.4　技术主题分布分析

为分析与研判利安德巴塞尔当前在聚烯烃领域的技术布局情况，我们利用 Orbit 全球专利分析工具，对当前利安德巴塞尔聚烯烃各细分领域的有效专利进行技术主题聚类分析。

（1）聚乙烯

截止到检索日，利安德巴塞尔聚烯烃细分领域聚乙烯有效专利共计 1372 件，通过聚类分析，得到 13 个技术主题方向，见图 4-34。按内容方向进行分类，包括了聚乙烯的聚合制备、聚乙烯的改性与加工，以及聚乙烯的下游应用等。在聚合制备相关主题中，又具体细分了三峰聚乙烯的制备、LLDPE 的制备、多级反应器等；此外，在聚合体系的相关主题中还包括了淤浆聚合工艺、乙烯共聚物的悬浮方法、茂金属催化剂以及铁络合物在聚合过程中的用途等。在聚乙烯的改性与加工方面具体包括了聚乙烯的吹塑、模塑等。从应用领域相关主题方向看，按应用形态包括了聚乙烯膜、聚乙烯容器的应用等，按应用场景包括了抗冲击、高粉末密度等。

（2）聚丙烯

截止到检索日，利安德巴塞尔聚烯烃细分领域聚丙烯有效专利共计 1087 件，通过聚类分析，得到了 12 个技术主题方向，见图 4-35。聚合制备相关主题中，主要包括了丙烯三元共聚物、抗冲击聚烯烃、高纯度丙烯聚合物、软质聚烯烃组合物等聚合物的制备，含镁催化剂、茂金属催化剂等烯烃聚合催化剂体系，以及气相聚合方法、多级反应器等聚合工艺过程。而对于聚丙烯应用方面，应用形态包括了聚丙烯纤维、聚丙烯膜和管材等，下游应用包括用于汽车内饰、电缆、灭菌制品、3D 打印等聚丙烯材料。

（3）聚烯烃弹性体

截止到检索日，利安德巴塞尔聚烯烃细分领域聚烯烃弹性体有效专利共计 43 项（按专利家族合并，见表 4-14），由于专利数量较少，本小节仅将相关专利进行梳理，并利用 Orbit 专利评价模型进行评价。

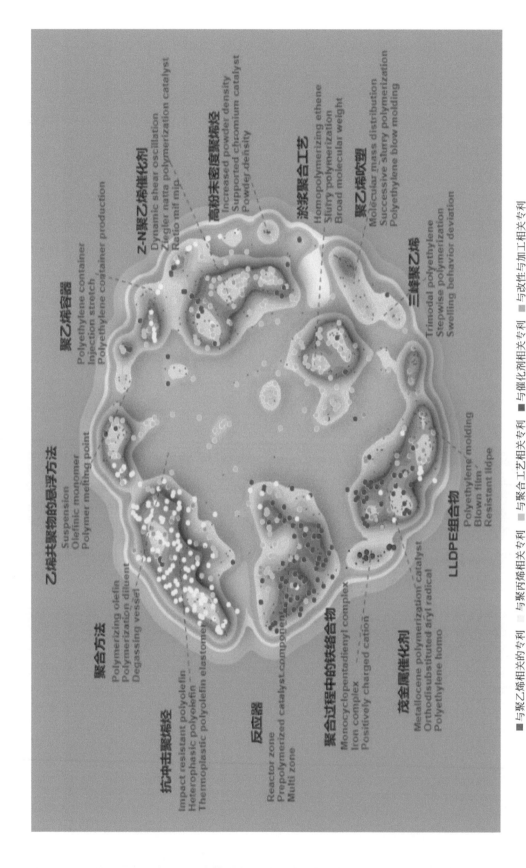

乙烯共聚物的悬浮方法
Suspension
Olefinic monomer
Polymer melting point

聚乙烯容器
Polyethylene container
Injection stretch
Polyethylene container production

Z-N聚乙烯催化剂
Dynamic shear oscillation
Ziegler natta polymerization catalyst
Ratio mlr mlp

高粉末密度聚烯烃
Increased powder density
Supported chromium catalyst
Powder density

淤浆聚合工艺
Homopolymerizing ethene
Slurry polymerization
Broad molecular weight

聚乙烯吹塑
Molecular mass distribution
Successive slurry polymerization
Polyethylene blow molding

三峰聚乙烯
Trimodal polyethylene
Stepwise polymerization
Swelling behavior deviation

聚合方法
Polymerizing olefin
Polymerization diluent
Degassing vessel

抗冲击聚烯烃
Impact resistant polyolefin
Heterophasic polyokofin
Thermoplastic polyolefin elastomer

反应器
Reactor zone
Prepolymerized catalyst compone
Multi zone

聚合过程中的铁络合物
Monocyclopentadienyl complex
Iron complex
Positively charged cation

茂金属催化剂
Metallocene polymerization catalyst
Orthodisubstituted aryl radical
Polyethylene homo

LLDPE组合物
Polyethylene molding
Blown film
Resistant lldpe

图4-34 利安德巴塞尔聚乙烯基于专利的技术主题聚类分析

■ 与聚乙烯相关的专利 ■ 与聚丙烯相关的专利 ■ 与聚合工艺相关专利 ■ 与催化剂相关专利 ■ 与改性与加工相关专利

156

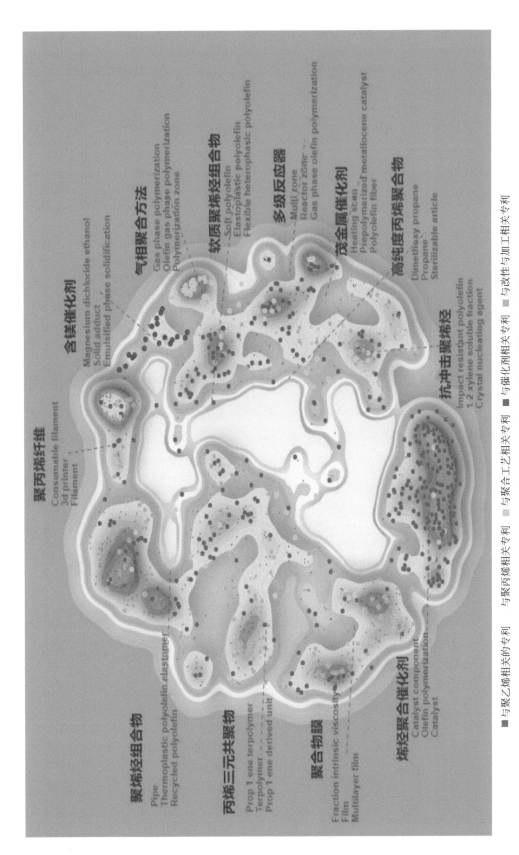

图4-35 利安德巴塞尔聚丙烯基于专利的技术主题聚类分析

■与聚乙烯相关的专利　■与聚丙烯相关专利　■与聚合工艺相关专利　■与催化剂相关专利　■与改性与加工相关专利

表 4-14 利安德巴塞尔在聚烯烃弹性体领域的专利清单

序号	技术方向	公开号	最早申请时间	专利价值	专利强度	专利影响力	市场覆盖面
1	由回收材料制成的改进级塑料聚合物组合物	WO2020/221755	2020-04-28	0.07	0.73	0	0.59
2	由回收材料制成的改进级塑料聚合物组合物	WO2020/221756	2020-04-28	0.06	0.73	0	0.59
3	高光泽黑色 tpo 替代漆	CN113039050	2019-11-05	2.8	3.11	3.48	1.29
4	可发泡聚烯烃组合物及其方法	CN112469774	2019-06-14	1.62	1.72	0	1.39
5	软质聚烯烃组合物	CN108779309	2017-03-23	6.19	4.21	2.72	2.45
6	软和柔性聚烯烃组合物	CN107001743	2015-11-17	5.75	4.3	2.62	2.56
7	模塑制品（包括汽车部件）和相关的填充热塑性聚烯烃组合物	CN110358202	2013-10-04	4.65	4.22	4.79	1.73
8	聚烯烃组合物及其制品	US8940837	2013-08-08	3.3	2.95	1.99	1.69
9	用于烯烃聚合的预聚合催化剂组分	CN104334591	2011-12-23	0.16	1.55	1.5	0.73
10	抗冲击聚烯烃组合物	WO2011/076553	2010-12-07	0.92	1.04	1.69	0.25
11	抗冲击聚烯烃组合物	WO2011/076555	2010-12-07	0.68	0.78	1.08	0.25
12	具有改善的抗热氧化降解能力的热塑性聚合物组合物以及其在管道生产中的用途	CN105348561	2010-04-23	0.24	0.48	0	0.39
13	聚烯烃母料和适于注射成型的组合物	CN102361927	2010-03-19	4.31	5.14	5.51	2.22

序号	技术方向	公开号	最早申请时间	专利价值	专利强度	专利影响力	市场覆盖面
14	适合于注塑的聚烯烃母料和组合物	CN102378779	2010-03-17	2.83	3.47	0.83	2.52
15	聚烯烃的蒸汽处理	CN102272171	2009-12-23	2.88	3.65	1.59	2.4
16	优化的调味聚合物组合物	CN102164575	2009-08-28	1.82	2.66	1.06	1.78
17	多层透明的彩色聚烯烃薄片和分层背衬结构	US8182906	2009-08-27	2.34	3.24	4.62	1
18	基于聚烯烃的黏合剂的制备	CN102482543	2009-05-22	3.34	4.09	3.51	2.08
19	具有改善的抗热氧化降解能力的热塑性聚合物组合物以及其在管道生产中的用途	CN102439082	2009-04-29	0.59	0.72	0	0.58
20	柔性和挠性的聚烯烃组合物	CN102046723	2008-12-09	2.18	3.14	0.87	2.24
21	可交联的热塑性烯烃弹性体和从它获得的交联的热固性烯烃弹性体	CN101842432	2008-09-29	3.01	4.31	3.64	2.21
22	用于注塑应用的丙烯聚合物	CN101389704	2007-01-15	2.51	4.23	2.65	2.49
23	具有宽分子量分布的丙烯聚合物	CN101213249	2006-06-26	3.04	5.63	6.14	2.4
24	热成形用的丙烯聚合物组合物	CN101163727	2006-03-23	0.39	2.92	3.6	1.1
25	用于注塑的丙烯聚合物组合物	CN101115797	2006-01-20	1.9	3.81	3.05	2.01
26	热塑性聚烯烃组合物	CN101010376	2005-07-18	0.91	5.13	4.78	2.47
27	丙烯和 α-烯烃的无规共聚物,由其制造的管道系统和它们的制备方法	CN1973160	2005-06-11	2.05	5.23	4.87	2.52

序号	技术方向	公开号	最早申请时间	专利价值	专利强度	专利影响力	市场覆盖面
28	具有高度均衡的挺度、冲击强度和断裂伸长及低热收缩的聚烯烃组合物	CN1965026	2005-05-30	2.14	4.97	3.78	2.69
29	具有改进的耐热氧化降解性的聚烯烃模塑组合物及其在管道生产中的应用	CN101175805	2005-05-13	2.3	5	3.89	2.68
30	适用于射出成形的聚烯烃母料及组合物	TW200613415	2005-04-22	0.01	0.02	0	0.02
31	适于注射模塑的聚烯烃母料和组合物	CN1946792	2005-03-22	1.61	3.83	2.11	2.36
32	热塑性烯烃组合物及其注塑制品	US7307125	2004-12-15	1.04	3.04	4.16	1
33	具有高平衡的刚度和冲击强度的聚烯烃组合物	CN100560644	2004-07-29	1.22	4.41	3.01	2.51
34	聚烯烃母料和适于注射模塑的组合物	CN100445330	2004-03-18	2.2	5.92	5.27	2.94
35	冲击改性聚烯烃组合物	CN1701084	2003-09-22	0.7	2.61	3.17	1
36	用于氟聚合物膜的增强黏合剂以及含增强黏合剂的结构	CN100523110	2003-05-29	0.04	4.18	4.75	1.71
37	热塑性组合物	US20040192847	2003-03-28	0.67	3.43	5.05	1
38	用于制备耐冲击聚烯烃制品的聚烯烃母料	CN1315934	2003-03-06	0.7	5.09	4.36	2.59
39	用于工程热塑性塑料/聚烯烃共混物的相容剂	CN1753942	2002-11-27	0	2.82	3.65	1
40	聚烯烃嵌段共聚物	CN100396706	2002-07-30	0.03	3.89	4.04	1.73

序号	技术方向	公开号	最早申请时间	专利价值	专利强度	专利影响力	市场覆盖面
41	交联热塑性聚烯烃弹性体组合物的方法	CN1244614	2002-05-29	0.15	3.82	2.77	2.12
42	热塑性组合物聚烯烃母粒和适合注射成型的组合物	US6586531	2001-09-27	0.08	4.05	5.34	1.4
43	无卤聚合物组合物	WO02/26879	2000-09-29	0.06	2.09	4.53	0.1

4.2.3 小结

利安德巴塞尔是全球最大的聚丙烯化合物生产商,聚乙烯和改性聚烯烃行业的领导者,也是全球聚烯烃和技术最大许可方之一,生产的产品主要包括茂金属聚丙烯、高结晶聚丙烯、无规共聚聚丙烯、特种聚丙烯、均聚聚丙烯和抗冲共聚聚丙烯六大类。

利安德巴塞尔生产聚丙烯的生产工艺有 Spheripol 工艺和 Spherizone 工艺,两个工艺技术的投资和操作费用相近,但 Spherizone 工艺操作灵活性高,产品切换快,产品范围更宽,更便于氢调,便于生产共聚物,费用低,其产品性能和价格有一定的优势,因此 Spherizone 工艺主要用于生产高端牌号产品。

通过对其全球专利申请趋势分析可以看出,利安德巴塞尔聚乙烯和聚丙烯专利申请数量相近,而聚烯烃弹性体专利数量相对较少,占比不到5%。按技术领域分布看,利安德巴塞尔在催化剂领域专利申请数量占比最多,尤其1990—2010 年期间,利安德巴塞尔布局了大量与催化剂相关的专利,拥有丰富的技术储备。从其公开专利数据拟合的技术成熟度曲线可以看出,利安德巴塞尔在聚烯烃相关方面已基本成熟,目前已进入稳定成长阶段,近年来在聚乙烯、聚丙烯领域一直保持着稳定的申请量。

在专利市场布局方面,作为全球聚烯烃市场重心以及主要的生产地区,欧洲和美国也是利安德巴塞尔聚烯烃专利布局的主要地区,按细分领域看,在催化剂领域,利安德巴塞尔对于欧、美、日等技术发达地区专利布局相对更多。而在聚合、改性与加工方面各地区的分布差异不大。

在专利法律状态方面,利安德巴塞尔在华专利有效期在 5 年以内的有 58 件,有效专利在 5 ～ 10 年的有 86 件，有效期在 10 年以上的共计有 242 件，可以看出利安德巴塞尔的聚烯烃相关专利在中国市场的保护还将持续很长时间。

按聚烯烃细分领域看，利安德巴塞尔的专利布局更多地集中在了聚乙烯和聚丙烯两个领域，在聚烯烃弹性体方面的布局专利并不多。根据聚乙烯的专利布局主题分析结果看，在聚合制备方面聚焦到了三峰聚乙烯的制备、LLDPE的制备、多级反应器等，涉及的工艺和催化剂体系包括淤浆聚合工艺、茂金属催化剂等；在应用形式方面布局了膜和容器相关的专利。根据聚丙烯的专利布局主题分析结果看，在制备方面聚焦到了丙烯三元共聚物、抗冲击聚烯烃、高纯度丙烯聚合物、软质聚烯烃组合物等聚合物的制备，涉及工艺方法和催化剂体系包括气相聚合法、多级反应器、含镁催化剂、茂金属催化剂等；在应用形式方面布局了纤维、膜、管材等相关专利。

4.3
陶氏

4.3.1 概述

4.3.1.1 公司发展历程

陶氏总部位于美国密歇根州米特兰，是全球最大的塑料生产厂商之一。陶氏提供丰富的、具有多种性能的聚乙烯产品，是全球最大的聚乙烯树脂、特种树脂以及黏合剂生产商之一。同时，该公司也是全球最大的聚烯烃弹性体生产商之一。

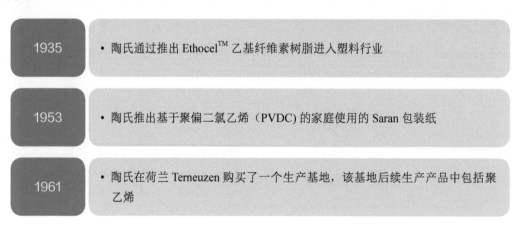

1935	• 陶氏通过推出 Ethocel™ 乙基纤维素树脂进入塑料行业
1953	• 陶氏推出基于聚偏二氯乙烯（PVDC）的家庭使用的 Saran 包装纸
1961	• 陶氏在荷兰 Terneuzen 购买了一个生产基地，该基地后续生产产品中包括聚乙烯

| 1966 | • 陶氏将环氧树脂添加到产品组合当中 |

| 1986 | • 陶氏成为世界上最大的热塑性塑料生产商 |

| 1992 | • 陶氏推出 INSITE™ 受限几何催化剂技术，该技术主要为了开发用于聚烯烃制造的高性能催化剂 |

| 1993 | • 陶氏推出 AFFINITY™ 茂金属聚烯烃塑性体（POP)，为乙烯和 1- 辛烯共聚物 |

| 1995 | • 陶氏推出 ENGAGE™ 聚烯烃弹性体（POE） |

| 1996 | • 陶氏推出 ELITE™ 系列茂金属聚乙烯产品
• 陶氏开展聚丙烯业务
• 陶氏杜邦弹性体公司（DuPont Dow Elastomers）投入运营，其生产制造包括了聚烯烃弹性体 |

| 1997 | • 陶氏推出 NORDEL™ IP 聚合物，为乙烯丙烯二烯烃的三元共聚物 |

| 1999 | • 推出 INDEX 互聚物，基于乙烯和苯乙烯共聚的热塑性聚合物系列
• 陶氏收购联合碳化物公司（Union Carbide）该公司原先业务中包括研究和开发茂金属及其他用于生产聚乙烯的先进催化剂 |

| 2000 | • 陶氏推出 INSPIRE™ 高性能聚合物，是一种新型丙烯基树脂 |

| 2001 | • 陶氏将其气相茂金属聚乙烯技术剥离给 BP 公司 |

| 2004 | • 陶氏推出 Versify™ 塑性体和弹性体 |

2007	• 陶氏推出 INFUSE™ 烯烃嵌段共聚物（OBC）
2009	• 陶氏收购 Rohm and Haas，成为陶氏新分支（高等材料部门）的重要组成部分，该分支的业务涵盖涂料、建筑与特种材料、黏着剂、聚合物及电子原料
2011	• 陶氏宣布计划扩大其乙烯、丙烯产量
2014	• 陶氏在 K2013 展会上发布 INTUNE™ 烯烃嵌段共聚物，是一项将极性和非极性材料与聚丙烯（PP）相结合的增容技术
2015	• 陶氏和杜邦宣布，董事会一致批准一项最终协议，根据协议两家公司将合并，而后再拆分成三个独立的公司 • 陶氏推出 INNATE™ 精密包装树脂
2016	• 陶氏推出 CANVERA™ 聚烯烃分散体，该产品基于陶氏获得专利的 BLUEWAVE 工艺技术
2017	• 陶氏在得克萨斯州 Freeport 年产 40 万吨的聚乙烯（PE）新工厂竣工，该项目是陶氏在得克萨斯州和路易斯安那州的制造基地进行的四项衍生品投资中的第一项，其他三座工厂为 35 万吨/年特种低密度 PE 工厂，20 万吨/年三元乙丙二烯单体（EPDM）工厂，以及 32 万吨/年特种和传统聚烯烃弹性体工厂
2019	• 陶氏和杜邦完成拆分，陶氏将专注于性能化学品、化学添加剂、包装等的生产
2020	• 陶氏在北美推出消费后回收（PCR）聚乙烯（PE）树脂，还开始为欧洲和亚洲的收缩膜应用提供 PCR PE 树脂
2021	• 陶氏凭借产品性能和可持续性获得 2021 年 Ringier 技术创新奖项（塑料原材料和添加剂类别），涉及 PCR 树脂、INFUSE™ 等相关技术与产品 • 陶氏全球范围内 5 个生产基地获得国际可持续发展和碳认证（ISCC PLUS 认证），其中包含生产 DOWLEX™ 聚乙烯树脂的施科堡生产基地

4.3.1.2　聚乙烯主要产品应用及工艺技术

陶氏是全球聚乙烯行业主要生产商和营销商，各类型聚乙烯产品有 150 多个牌号，主要包括 ULDPE（超低密度聚乙烯）、LDPE、LLDPE、MDPE（中密度聚乙烯）和 HDPE 五大类。相对来说，陶氏的聚乙烯产品多为高端产品。具体产品信息见表 4-15。

表 4-15　陶氏聚乙烯产品及应用领域

产品类别	产品	特性	应用领域
ULDPE	ATTANE™ DOW™ 等 共 7 个牌号	良好的密封性能、光学性能、加工性能和柔韧性，高针孔阻隔性、良好的延展性、撕裂强度、冲击强度等	用于吹制膜、铸膜、片材挤出、共挤挤出等，具体应用领域包括食品包装、纸尿裤、医疗包装、液体食品、生鲜食品和工业衬垫等
LDPE	AGILITY™ DOW™ 等 共 29 个牌号	良好的透明度、刚度、加工性能；更好的美观性、可印刷性、强度、抗撕裂性、弹性	常用于农用薄膜、密封件、涂层纸板、耐用容器、挤出涂覆、重载包装运输袋、高透明收缩膜、多层软包装、管道、玩具等
LLDPE	ASPUN™ DOWLEX™ ELITE™ INNATE™ CEFOR™ DOW™ 等 共 78 个牌号	高抗拉强度、高抗冲击性、高抗穿刺性，出色的弹性、柔韧性和伸长率，一致的熔体流动和低剪切，能够制作更薄更韧的薄膜	拉伸缠绕膜、电缆护套、软管、片材等柔性应用；水桶、容器、盖板、管道、玩具等硬质应用
MDPE	DOW™ DOWLEX™ 等 共 4 个牌号	良好的刚度、冲击强度、撕裂强度和光学性能等	多用于管道、立式袋、外包膜、牛奶袋等
HDPE	CONTINUUM™ DOW™ EVERCAP™ UNIVAL™ DOWLEX™ 等 共 42 个牌号	良好的耐磨性、抗刺穿、柔韧度、防漏、耐腐蚀、抗冲击、环境应力抗裂性和加工性能等	用于软包装；车用液体和农用化学品吹塑瓶；微波炉食品托盘、乳制品杯/桶、储物箱、油漆桶等注塑容器；注塑或压塑成型瓶盖、闭合件和配件；玩具、家庭用品、储物箱、板条箱和托盘等注塑成型产品；玩具、游乐场设备、鼓、耐化学品罐等滚塑成型产品等

注：信息来源于陶氏官方网站。

20 世纪 90 年代，陶氏成功开发了独有的 INSITE^{TM} 工艺，并利用该工艺技术向市场供应了包括茂金属聚乙烯、POE、OBC 等多种高端聚烯烃产品。INSITE^{TM} 工艺是采用溶液聚合方法和限制几何构型茂金属催化剂组成的工艺。该工艺简化了许多步骤，包括催化剂残渣的冷却与水洗、溶剂抽提和产品干燥等工序。生产过程的无水性对生产含水量极少的产品和溶剂回收很重要，可节省对产品的热输入。INSITE^{TM} 工艺与传统聚合工艺对比见图 4-36。

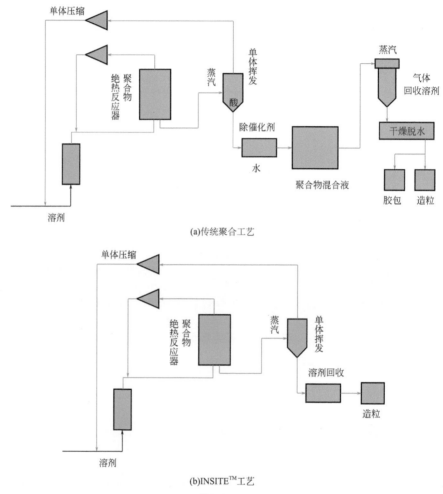

(a)传统聚合工艺

(b)INSITE^{TM}工艺

图 4-36　INSITE^{TM} 工艺与传统聚合工艺对比

INSITE^{TM} 工艺生产的 Elite^{TM}、Elite^{TM} AT 系列产品为乙烯和 1- 辛烯共聚的茂金属聚乙烯产品。其中，Elite^{TM} 产品的短链规整且在主链上植入了均匀分布的长支链，所以产品具有优异的力学与加工性能。Elite^{TM} AT 目前在陶氏官网上共展示有 3 个牌号（AT6101/AT6111/AT6202），代表了陶氏最先进的茂金属聚乙烯技术，即可以控制产品的分子量分布、短支链和长支链在主链上的分布，以满足产品的最终用途。

此外，陶氏还有乙烯和 1- 己烯共聚的 DOWLEX™、乙烯和 1- 辛烯共聚的 ATTANE™ 高端聚乙烯产品，这些产品系列采用 Ziegler-Natta 催化剂和溶液法工艺。DOWLEX™ 中的 LLDPE 产品主要用于生产工业和日用薄膜，具有良好的韧性和抗撕裂性。ATTANE™ 系列中的 ULDPE 具有更好的低温柔软性和抗挠裂性能，同时具有优异的光学性能、高抗撕裂性能等特性。

4.3.1.3　聚烯烃弹性体产品及应用领域

陶氏具有领先的聚烯烃弹性体和催化剂技术。基于其独有的 INSITE™ 技术和链穿梭聚合法，陶氏推出了数十个牌号的聚烯烃弹性体产品。具体产品信息见表 4-16。

表 4-16　陶氏 POE 产品及应用领域

产品类别	产品	特性	应用领域
POE	ENGAGE™ 所有 28 个牌号	抗冲击性卓越、强着色性、柔韧坚固、加工特性出众、可回收、熔融强度高	用于汽车保险杠、仪表盘、车身板件、气囊盖、内饰；用于缆线强化物理性能；鞋履泡沫；包装、玩具和家庭用品等模压品；柔性透明管道等挤压型材；柔韧屋面卷材
OBC	INFUSE™ 所有 12 个牌号	独特嵌段结构；改善了柔韧性和耐高温性的平衡；结晶温度高，制程速度更快；在室温和高温条件下，弹性复原和压缩形变性能更佳；耐磨性更强	常用于鞋履、黏合剂、家居用品、卫生用弹性薄膜等
丙烯基弹性体	VERSIFY™ 中 5 个牌号	灵活性、耐热性和良好的光学性能等	应用于吹膜、挤出、注塑成型等工艺
EPDM	NORDEL™ 所有 22 个牌号	耐热性、抗腐蚀性良好，更加洁净，加工效率高	应用于汽车、建筑、消费品、油和润滑油等领域
其他聚烯烃弹性体	AFFINITY™ GA 共 3 个牌号	良好的密封性和光学特性，热黏性高，热封密度低，气味小等	主要用于热熔胶

注：信息来源于陶氏官方网站。

陶氏是全球最大的 POE 生产商，产能占比超过 40%。陶氏生产 POE 主要采用自有钛催化剂和 INSITE™ 技术，主要产品为 ENGAGE™ 系列产品。该系列产品为全球主要 POE 产品品牌，包括 C4 和 C8 POE 产品，产品特性及应用领域如表 4-16 所示。

陶氏于 2006 年首次提出链穿梭聚合法（chain shutting polymerization），在单一的反应容器内进行连续溶液聚合的工艺，制备了具有交替的半结晶和无定形链段的 OBC（烯烃嵌段共聚物）。2012 年，陶氏推出了近临界分散聚合工艺，整个反应器中的聚合物呈液 - 液两相分离的近临界态，产物能便捷地分离出来，见图 4-37。

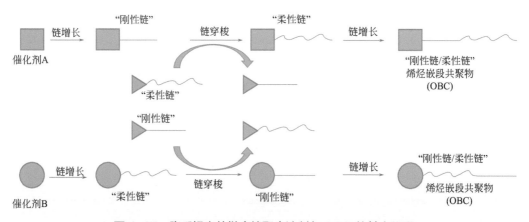

图 4-37 陶氏提出的链穿梭聚合法制备 OBC 的基本原理

OBC（烯烃嵌段共聚物）具有独特的嵌段结构，能够将弹性体的使用扩展到广泛的应用领域。陶氏独有的 INFUSE™ OBC 产品为乙烯和 1- 辛烯多嵌段共聚物，产品系列共有 12 个商业化牌号，具有突出的耐热性，与 EVA、POE 相容性等材料特性。POE 和 OBC 材料优势见表 4-17。

表 4-17 POE 和 OBC 材料优势

POE	OBC
・同硬度更轻 ・高拉伸及撕裂强度 ・更好的触感 ・更多的选择（硬度、密度、加工性能） ・性价比更高 ・低温性能好	・很宽温度范围收缩明显小 ・压缩永久形变小 ・很宽温度范围性能保持稳定 ・同硬度下更好的回弹 ・疲劳后恢复好 ・密度更小 ・极佳的触感

4.3.2　聚烯烃材料全球专利申请及布局分析

本章节利用 Orbit 全球专利分析数据库（FamPat）对陶氏在全球的专利申请及布局情况进行检索和分析，检索范围为专利公开日期截止至 2021 年 12 月 31 日，共检索出相关专利 3541 项（23469 件）。

4.3.2.1　全球专利申请趋势分析

2019 年，原陶氏除农业和电子材料外的部门与杜邦功能材料部门组成新的材料科学公司，即新的陶氏。新陶氏更专注于功能化学品、化学添加剂、包装等领域。通过对陶氏的专利进行分析可以看出，目前陶氏作为专利权人检索出的最早申请专利为 1944 年两项关于烯烃聚合工艺改进的相关专利，该专利来自 2001 年收购的联合碳化物公司申请的专利。根据公开报道，陶氏在 1992 年推出了一种限定几何构型的单中心茂金属催化剂技术，即 Insite，利用该催化剂与其传统的 LLDPE 生产技术相结合，以 1- 辛烯为共聚单体来制备聚烯烃，正式开启了高端聚烯烃的工业化生产阶段，带动了全球聚烯烃和弹性体市场的革新。从整体趋势看，1992 年之后陶氏在聚烯烃领域的专利申请量又出现了一轮较快速的增长，见图 4-38 ～图 4-40。

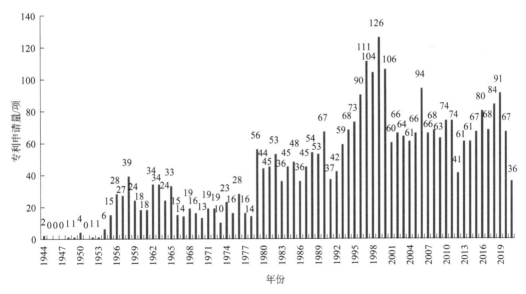

图 4-38　陶氏全球专利申请量的时间分布

根据产品技术生命周期理论，一种产品或技术的生命周期通常由萌芽（产生）、迅速成长（发展）、稳定成长、成熟、瓶颈（衰退）几个阶段构成，我们

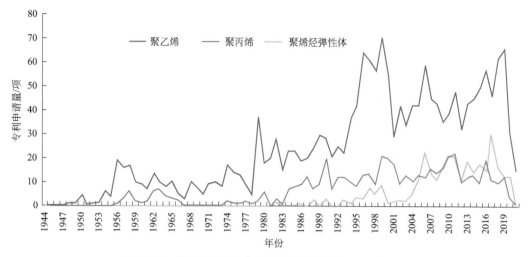

图4-39　陶氏聚烯烃各细分领域全球申请量的时间分布

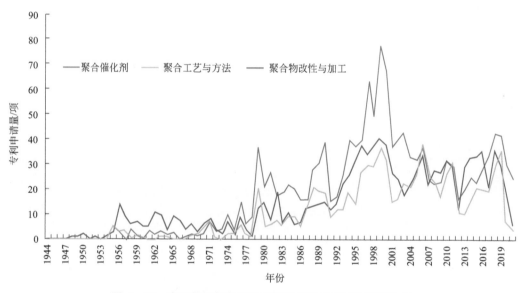

图4-40　陶氏聚烯烃各类技术领域全球申请量的时间分布

基于专利申请量的年度趋势变化特征，进一步分析陶氏聚烯烃领域的技术发展各个阶段。为了保证分析的客观性，我们以Logistic growth模型算法为基础，以专利累计申请数量为纵轴，以申请年为横轴，通过模型计算，拟合出陶氏聚烯烃产品技术的成熟度曲线，见图4-41。

通过数据拟合结果（表4-18）可以看出，1944—1986年期间，陶氏聚烯烃相关技术处于探索期或者萌芽期阶段。其中，有超过一半的聚烯烃技术专利来自联合碳化物公司，约有三分之一来自原陶氏。从专利的申请方向看，陶氏化学这一阶段聚烯烃技术专利更多集中在聚乙烯领域，技术领域方面则更多是集中在聚烯烃催化剂领域进行研发。

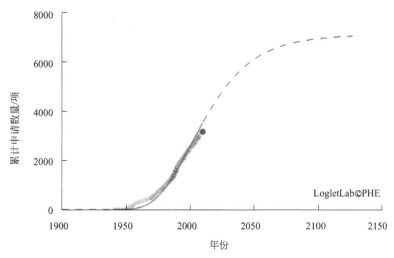

图 4-41 　陶氏聚烯烃基于专利申请拟合的成熟度曲线

表 4-18 　陶氏聚烯烃基于专利申请拟合的技术成熟度

拟合度 R^2	萌芽期	迅速成长期	稳定成长期	成熟期
0.995	1944—1986	1987—2010	2011—2047	2048—2142

　　得益于 INSITE^{TM} 技术的推出，陶氏聚烯烃技术在 1987—2010 年期间快速发展。从专利年申请量的变化可以看出，陶氏聚烯烃相关技术整体经历了一个先快速增长后回落稳定的发展态势。在此阶段，除聚乙烯领域外，陶氏开展聚丙烯业务并开始生产聚烯烃弹性体，在聚丙烯和聚烯烃弹性体领域都取得了相应的进展。在全球市场对聚烯烃材料的需求不断增加的背景下，陶氏加大在这方面的研发和生产投入，先后推出 AFFINITY^{TM}（POP）、ENGAGE^{TM}（POE）、ELITE^{TM}（mPE）、Versify^{TM}（POP 和 POE）、INFUSE^{TM}（OBC）等一系列知名聚烯烃产品。

　　2006 年和 2008 年，聚合工艺与方法、改性与加工技术的相关专利申请量分别首次超过催化剂技术（见图 4-40）。此后，各类技术领域专利申请量差异不大，说明陶氏聚烯烃各项技术的发展更加均衡化。另外，前期 INSITE^{TM} 受限几何茂金属催化剂技术的突破进展，也为陶氏在聚合与产品改性与加工领域的技术发展奠定了基础。

　　2011 至今，陶氏的专利申请量整体稳中有升，进入了相对平稳的发展阶段。从细分领域看，聚乙烯领域仍保持着一定的增长动能，而聚丙烯和聚烯烃弹性体专利量的比重有所下降（见图 4-39）。在各类技术领域方面，聚烯烃催化剂、聚合工艺与方法领域的专利申请量态势相对一致，有逐步上升的趋势。

4.3.2.2 全球专利布局分析

图 4-42 为陶氏聚烯烃在主要国家 / 地区的专利申请量分布，从图中可以看出，美国是陶氏的主要专利技术布局地区。陶氏在美国申请专利共计 2299 项，约占总申请量（总专利族数）的 65%。除了美国的专利申请之外，陶氏也在欧洲地区（约占总申请量的 50%）、日本（约占总申请量的 43%）布局申请了大量的聚烯烃相关专利。

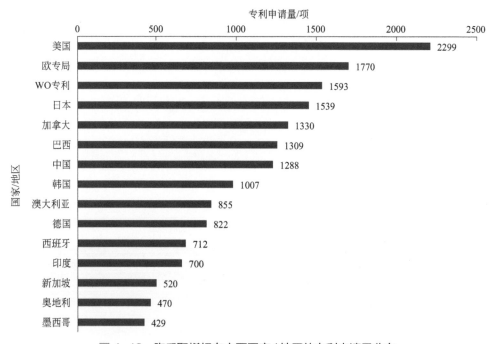

图 4-42　陶氏聚烯烃在主要国家 / 地区的专利申请量分布

除欧美日等国家 / 地区外，中国大陆和巴西等世界主要经济体也是陶氏聚烯烃专利布局的重点地区。从陶氏聚烯烃专利布局的地区分布看，欧美日等地拥有成熟发达的制造业，也是全球主要聚烯烃供应商的聚集地，陶氏需要在这些地区保持一定的专利布局数量规模，并建立起一定的专利优势。而中国和巴西等作为全球主要新兴经济体，市场容量也随着经济快速发展而不断扩大，对聚烯烃特别是高端聚烯烃有着较大的需求，因此也成为陶氏聚烯烃专利布局的重点地区。

按细分领域分布看（图 4-43），陶氏在各地区和国家专利布局最多的均为聚乙烯。同时，聚乙烯、聚丙烯的专利布局重点地区与聚烯烃整体布局基本保持一致，但聚烯烃弹性体专利布局前三的国家 / 地区依次是欧洲地区、美国和中国大陆。

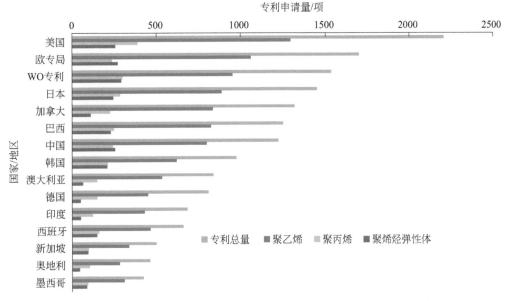

图 4-43　陶氏聚烯烃在主要国家 / 地区按细分领域的专利申请量分布

按技术领域分布看（见图 4-44），在多数国家 / 地区，陶氏在催化剂、改性与加工领域的专利布局更多，基本与聚烯烃整体布局保持一致。聚合工艺与方法分布情况有所不同，地区差异也相对较小。

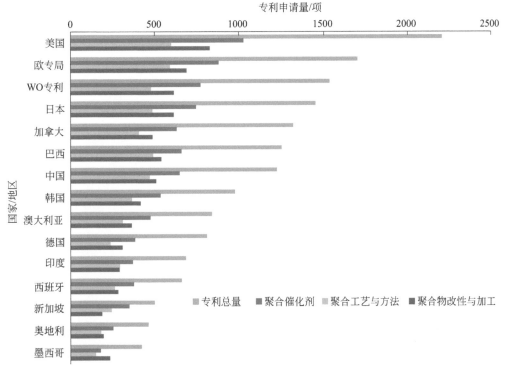

图 4-44　陶氏聚烯烃在主要国家 / 地区按技术领域的专利申请量分布

4.3.2.3　全球专利法律状态分析

陶氏聚烯烃全球专利的法律状态分布（见图 4-45）：处于有效状态的专利 8270 件，失效专利 15359 件。在失效专利中，放弃的专利 8884 件，主动撤销的专利 1474 件，过期不维护的专利 5001 件。在有效专利中，在申请的专利为 2861 件，授权的专利为 5409 件。

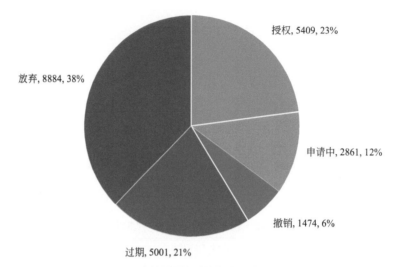

图 4-45　陶氏聚烯烃全球专利法律状态分布（件）

（1）失效专利分析

通过对失效状态的专利作进一步的分析与统计，发现其中过期专利主要集中在 2002 年前的专利申请，其中 20 世纪 90 年代是过期专利高峰时期。结合专利申请趋势，这一阶段是陶氏聚烯烃相关技术的迅速成长期，也是该公司专利申请增长最快的时期。该阶段的相关专利除了包括所收购的联合碳化物公司用于生产聚乙烯的先进催化剂技术外，还包括陶氏自己研究的 INSITE™ 受限几何茂金属催化剂技术和溶液聚合方法组成的工艺，如，US5114897 烯烃聚合的催化剂和工艺，采用的就是茂金属催化剂和溶液聚合方法结合的工艺技术。

对陶氏聚烯烃领域近三年（2018—2021 年）过期的专利进行梳理，得到 796 件过期专利，将 796 件专利按国家 / 地区进行统计，可以看出在 2018—2021 年期间，陶氏在中国大陆共有 21 件（按专利家族合并为 19 项）过期专利（见图 4-46），利用 Orbit 专利综合评价模块，对上述过期专利及技术方向进行梳理与评价，具体梳理结果见表 4-19。

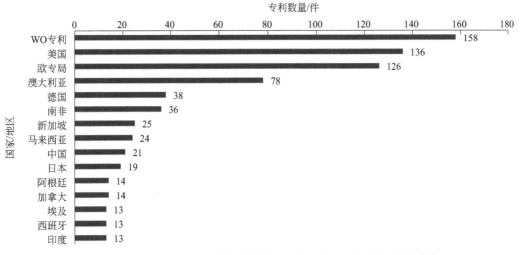

图 4-46　2018—2021 年陶氏聚烯烃过期专利的主要国家／地区分布

表 4-19　2018—2021 年陶氏在中国过期专利清单（按专利家族）

序号	技术方向	专利公开号	过期时间	专利强度	专利影响力	市场覆盖面
1	茂金属制成的极低密度聚乙烯	CN1541161	2021-06-22	6.42	8.27	2.29
2	包含不同乙烯含量的组分的乙烯 /α- 烯烃聚合物共混物	CN100582156	2021-05-11	5.14	6.08	2.02
3	烯烃聚合物组合物	CN1191297	2021-04-11	3.72	3.05	1.94
4	在一个单一反应器中制备具有宽分子量分布的聚合物共混物的方法	CN1210314	2020-08-16	5.52	5.48	2.54
5	淤浆聚合法及聚合物组合物	CN1240726	2019-09-16	4.18	3.73	2.07
6	桥连的金属配合物	CN1192033	2019-09-08	3.37	3.89	1.36
7	多孔泡沫材料	CN1232572	2019-05-27	6.29	7.87	2.32
8	由经辐照和交联的乙烯聚合物制备的在升高的温度下具有弹性的制品和制备该制品的方法	CN1249150	2019-05-18	6.29	7.31	2.52

序号	技术方向	专利公开号	过期时间	专利强度	专利影响力	市场覆盖面
9	用于制备二烯配合物的联合法	CN1210280	2019-03-10	4.98	4.73	2.37
10	包含扩展阴离子的催化剂活化剂	CN1120168	2019-02-17	6.27	7.32	2.5
11	在烯烃溶液聚合反应工艺中用于增加聚合物含量的处理设计	CN101260167	2018-12-23	4.75	4.4	2.3
12	无桥联单环戊二烯基金属络合催化剂及聚烯烃的生产方法	CN1224025	2018-12-08	0	0	0
13	催化剂组合物及其制备方法以及其在聚合方法中的应用	CN1166700	2019-06-23	6.86	7.9	2.77
14	烯烃聚合催化剂体系、聚合方法以及由其制备的聚合物	CN1241953	2019-11-19	7.39	9.44	2.66
15	乙烯聚合物组合物、由其制成的制品及乙烯聚合物改进方法	CN1115359	2018-06-05	5.67	5.77	2.56
16	一种制造耐针孔涂布和层压底材的方法	CN1150261	2018-04-09	3.76	2.91	2.02
17	改进的易于加工的线型低密度聚乙烯	CN1111550	2018-03-27	6.49	7.75	2.53
18	乙烯聚合或共聚的齐格勒－纳塔催化剂	CN1145530	2018-02-10	2.29	2.85	0.85
19	流变改性的热塑性弹性体组合物及由其制造的制品	CN1140573	2018-01-29	5.71	6.54	2.32

（2）有效专利分析

从陶氏聚烯烃全球专利法律状态分布情况可以看出，目前陶氏聚烯烃相关有效专利共8270件，对处于有效状态的专利作进一步分析，发现陶氏在中国大陆的聚烯烃相关有效专利共计795件（见图4-47），其中处于申请状态的专利282件，授权专利513件。

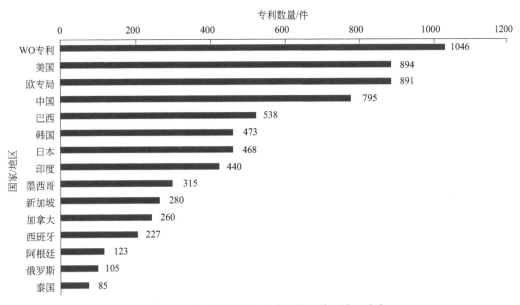

图4-47　陶氏聚烯烃有效专利的国家/地区分布

对有效专利按有效年限进行划分，有效年限在5年以内的有78件（按专利家族合并为61项），有效期在5～10年的有142件，有效期在10～15年的有250件，有效期在15年以上的有325件，可以看出陶氏的聚烯烃相关专利在中国市场的保护还将持续很长时间。

利用Orbit专利综合评价模块，对有效年限在5年以内的专利及技术方向进行梳理与评价，具体梳理结果见表4-20。

表4-20　陶氏在中国有效年限在5年以内的专利清单（按专利家族）

序号	技术方向	专利公开号	过期时间	专利价值	专利强度	专利影响力	市场覆盖面
1	气体烯烃聚合反应工艺	CN1976956	2025-05-19	1.86	5.96	7	2.36
2	官能化聚(4-甲基-1-戊烯)	CN101001891	2025-01-21	1.13	3.38	1.11	2.35

序号	技术方向	专利公开号	过期时间	专利价值	专利强度	专利影响力	市场覆盖面
3	适用于单面、低噪声、拉伸黏附膜的组合物及由其制成的薄膜	CN100554321	2025-04-19	2.11	5.46	4.17	2.95
4	含有弱共聚单体引入剂和良共聚单体引入剂的混合茂金属催化剂体系	CN100398570	2022-07-19	0.53	6.05	7.53	2.25
5	聚合方法	CN100427515	2021-11-27	0.1	6.77	7.85	2.72
6	用于乙烯聚合的催化剂组合物	CN1856516	2024-08-18	1.07	3.68	1.62	2.41
7	选择聚合改性剂的方法	CN104892814	2025-05-13	0.32	0.81	0	0.66
8	水分散体及其生产方法和用途	CN102585376	2024-08-25	0.29	0.98	0.38	0.66
9	预聚物在多元醇中的分散体	CN1249164	2021-09-10	0.1	5.68	6.01	2.48
10	用于形成乙烯多嵌段共聚物的包含梭移剂的催化剂组合物	CN1976965	2025-03-17	3.12	7.35	9.26	2.69
11	用于形成高级烯烃多嵌段共聚物的包含梭移剂的催化剂组合物	CN1954005	2025-03-17	3.04	6.85	8.07	2.71
12	用于齐格勒－纳塔研究的装置和方法	CN100537018	2025-05-13	1.34	3.7	5.1	1.2
13	选择聚合改性剂的方法	CN102321201	2025-05-13	1.63	4.42	2.98	2.53
14	用于聚乙烯非织造织物的改进纤维	CN1977076	2025-04-08	2.65	5.35	4.69	2.68
15	由聚合物配方制成的薄膜层	CN106977786	2025-03-18	2.14	5.87	5.2	2.92

序号	技术方向	专利公开号	过期时间	专利价值	专利强度	专利影响力	市场覆盖面
16	烯烃聚合催化剂和聚合方法	CN100351274	2025-03-24	1.59	4.66	3.57	2.52
17	电耗散丙烯聚合物组合物	CN1918670	2025-01-04	0.97	3.05	2.84	1.47
18	控制气相反应器中的结皮的方法	CN101270169	2024-12-15	1.79	5.85	5.22	2.9
19	热塑性烯烃组合物	CN1922263	2024-12-08	1.67	5.45	4.26	2.91
20	聚合监视和选择先行指标的方法	CN101539758	2024-09-30	2.19	4.68	5.15	1.98
21	适用于热熔黏合剂的共聚体及其制备方法	CN101831022	2024-09-17	1.71	5.6	4.21	3.05
22	涂料组合物和由其制成的物品	CN105026502	2025-02-28	7.99	8.17	9.45	3.29
23	高强度双峰聚乙烯组合物	CN101031593	2025-05-04	1.52	5.15	5.79	2.13
24	制造官能化聚烯烃的方法、官能化聚烯烃、双组分纤维、无纺织物和卫生吸收产品	CN1823103	2024-07-09	0.74	2.87	2.89	1.31
25	薄泡沫聚乙烯片材及其制造方法	CN101323676	2024-06-30	2.4	6.71	6.11	3.28
26	可控制组成分布的制备聚合物的方法	CN100547005	2025-05-04	1.54	5.72	6.15	2.47
27	由乙烯聚合物混合物制成的薄膜层	CN1806004	2024-06-02	1.82	5.91	4.98	3.03
28	气相聚合及其控制方法	CN100348623	2024-05-26	1.19	3.4	2.43	1.9
29	制备高分子量－高密度聚乙烯及其薄膜的聚合物组合物和方法	CN100513474	2024-05-05	2.19	6.24	7.48	2.42

续表

序号	技术方向	专利公开号	过期时间	专利价值	专利强度	专利影响力	市场覆盖面
30	多峰型聚烯烃的反应器组成的在线估计方法	CN100488987	2025-03-08	1.64	4.81	3.16	2.78
31	用于生产聚乙烯的存在于矿物油中的铬基催化剂	CN100451039	2024-03-04	1.09	5.08	5.71	2.1
32	精确碎裂集合物和从其制备的烯烃聚合催化剂	CN1294156	2024-01-13	0.95	3.24	2.74	1.66
33	使用茂金属催化剂体系的聚合方法	CN1890268	2024-10-07	1.55	4.99	5.92	1.96
34	低浊度、高强度的聚乙烯组合物	CN1890315	2024-09-20	1.29	5.45	4.85	2.71
35	使用基本上无污染物的种子床在不相容的催化剂之间转变的方法	CN1319996	2023-12-08	1.01	4.78	1.98	3.17
36	宽分子量聚乙烯的生产方法	CN102174132	2023-12-05	1.5	6.54	6.93	2.86
37	聚合方法和聚合物组合物性能的控制	CN100469797	2024-03-25	1.31	5.73	5.55	2.69
38	在气相反应器中将催化剂转换成不相容催化剂的方法	CN1310966	2023-10-10	0.97	4.5	3.07	2.56
39	聚合方法	CN1310957	2023-06-06	0.64	3.45	3.21	1.66
40	承载的铬聚合反应催化剂和使用它的方法	CN100513439	2025-05-17	1.09	4.06	4.03	1.87
41	聚合物组合物和由其制作管子的方法	CN100575405	2023-06-04	0.77	5.07	5.41	2.2
42	高活性烯烃聚合催化剂和方法	CN100381475	2024-03-23	1.44	6.58	7.43	2.71
43	取代的茚基金属配合物和聚合方法	CN100484973	2023-03-03	0.81	5.33	3.76	2.99

序号	技术方向	专利公开号	过期时间	专利价值	专利强度	专利影响力	市场覆盖面
44	用于烃类橡胶和氯化聚乙烯的硬质聚氯乙烯组合物的冲击改性剂组合物	CN1288201	2023-01-16	0.56	4.5	3.41	2.44
45	使用非线性动力学控制气相聚乙烯反应器可操作性的方法	CN100390204	2022-11-22	0.99	5.41	4.66	2.74
46	聚乙烯树脂的氧气修整	CN100351067	2022-10-09	0.32	4.28	5.31	1.6
47	改进对树脂性能的控制	CN1314715	2023-07-28	0.73	3.9	3.74	1.84
48	多峰聚乙烯材料	CN101230161	2022-08-28	0.64	6.51	7.65	2.58
49	双峰聚乙烯组合物及其制品	CN1982361	2022-08-16	0.59	6.34	7.84	2.37
50	具有改进物理性能的聚乙烯薄膜	CN1315919	2022-07-19	1.65	7.8	8.66	3.27
51	包含全同立构丙烯共聚物的膜	CN101319071	2023-11-05	1.85	8.17	11.03	2.73
52	聚乙烯树脂及其制备方法和应用	CN1264866	2022-04-04	0.14	3.82	4.07	1.66
53	烯烃聚合物	CN101143908	2022-03-15	0.57	6.76	7.89	2.7
54	湍流条件下在流化床中的高冷凝模式聚烯烃生产方法	CN1982343	2021-12-20	0.12	2.4	1.92	1.27
55	多成分催化剂聚合体系的启动程序	CN1271089	2021-12-06	0.14	3.67	3.73	1.66
56	用于调节茂金属催化的烯烃共聚物的熔体性能的方法	CN1300183	2022-09-28	0.45	4.68	3.53	2.55
57	用于生产聚烯烃的基体和方法	CN1302022	2021-08-21	0.08	4.38	3.76	2.22
58	聚合催化剂的制备	CN1206235	2021-11-26	0.14	4.3	4.19	2.01
59	聚合方法	CN1235919	2021-10-02	0.06	4.02	3.39	2.06

序号	技术方向	专利公开号	过期时间	专利价值	专利强度	专利影响力	市场覆盖面
60	聚合方法	CN1235918	2021-11-07	0.06	5.36	5.66	2.35
61	用于制备薄壁绝缘材料的可发性组合物及其提供方法	CN101195696	2021-10-24	0.06	4.3	3.66	2.19

4.3.2.4 技术主题分布分析

为分析与研判陶氏当前在聚烯烃领域的技术布局情况，我们利用 Orbit 全球专利分析工具，对当前陶氏聚烯烃各细分领域的有效专利进行技术主题聚类分析。

（1）聚乙烯

截止到检索日，陶氏聚烯烃细分领域聚乙烯有效专利共计 4440 件，通过聚类分析，得到 14 个技术主题方向（见图 4-48），其中，在双峰催化剂方面，陶氏为提高茂金属 LLDPE 的加工性能，用双峰催化剂系统制备的双峰线性中密度聚乙烯组合物来对加工性能进行改善（如 CN109923133 等）。在发泡聚乙烯方面，陶氏在电信电缆绝缘材料领域，使用氟树脂作为成核剂与高密度聚乙烯 (HDPE) 和低密度聚乙烯 (LDPE) 的混合物混合，来制造高频电信电缆的绝缘层（如 CN107075192 等）；此外，陶氏在发泡聚乙烯制备方面，通过制备聚乙烯蜡作为烯基芳族树脂的孔尺寸扩大剂，通过在微粒存在下通过抵消粒子的成核作用而产生较大的孔（如 CN104024327 等）。在乙烯与 α- 烯烃共聚物方面，共涉及 280 件专利，包括了聚合方法、加工方法、改性方法、下游应用领域等。在膜与涂覆导电方面，主要包括电缆及片材（膜）等的涂覆工艺（如 CN112262443 等）。在聚合工艺方面，陶氏更多地将聚丙烯的聚合专利布局到了高温溶液聚合领域。

（2）聚丙烯

截止到检索日，陶氏聚烯烃细分领域聚丙烯有效专利共计 1141 件，通过聚类分析，得到了 9 个技术主题方向（见图 4-49），相比聚乙烯的专利布局方向较少，其中在聚丙烯薄膜应用方面，陶氏在单面拉伸黏附膜相关领域进行了专利布局，如专利 CN1965022 公开了一种可以并入单面拉伸黏附结构黏附层中的组合物，该黏附结构可以在充分降低或完全消除模唇堵塞并且几乎或完全没有

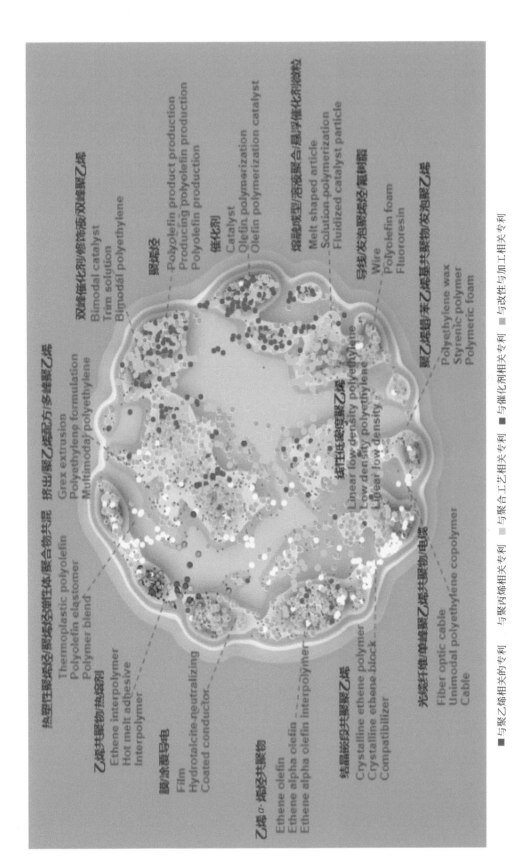

热塑性聚烯烃/聚烯烃弹性体/聚合物共混
Thermoplastic polyolefin
Polyolefin elastomer
Polymer blend

乙烯共聚物/热熔胶
Ethene interpolymer
Hot melt adhesive
Interpolymer

膜/冷覆导电
Film
Hydrotalcite-neutralizing
Coated conductor

乙烯α-烯烃共聚物
Ethene olefin
Ethene alpha olefin
Ethene alpha olefin interpolymer

结晶密度共聚聚乙烯
Crystalline ethene polymer
Crystalline ethene block
Compatibilizer

光缆纤维/单峰聚乙烯共聚物/电缆
Fiber optic cable
Unimodal polyethylene copolymer
Cable

挤出聚乙烯配方/多峰聚乙烯
Grex extrusion
Polyethylene formulation
Multimodal polyethylene

双峰催化剂/修饰液双峰聚乙烯
Bimodal catalyst
Trim solution
Bigmodal polyethylene

聚烯烃
Polyolefin product production
Producing polyolefin production
Polyolefin production

催化剂
Catalyst
Olefin polymerization
Olefin polymerization catalyst

熔融成型/溶液聚合/悬浮催化剂微粒
Melt shaped article
Solution-polymerization
Fluidized catalyst particle

导线/发泡聚烯烃/氟树脂
Wire
Polyolefin foam
Fluorororesin

聚乙烯蜡/苯乙烯基共聚物/发泡聚乙烯
Polyethylene wax
Styrenic polymer
Polymeric foam

线性低密度聚乙烯
Linear low density polyethylene
Low density polyethylene
Linear low density

图4-48 陶氏聚乙烯基于专利的技术主题聚类分析

■ 与聚乙烯相关的专利　　与聚丙烯相关专利　■ 与聚合工艺相关专利　■ 与催化剂相关专利　■ 与改性与加工相关专利

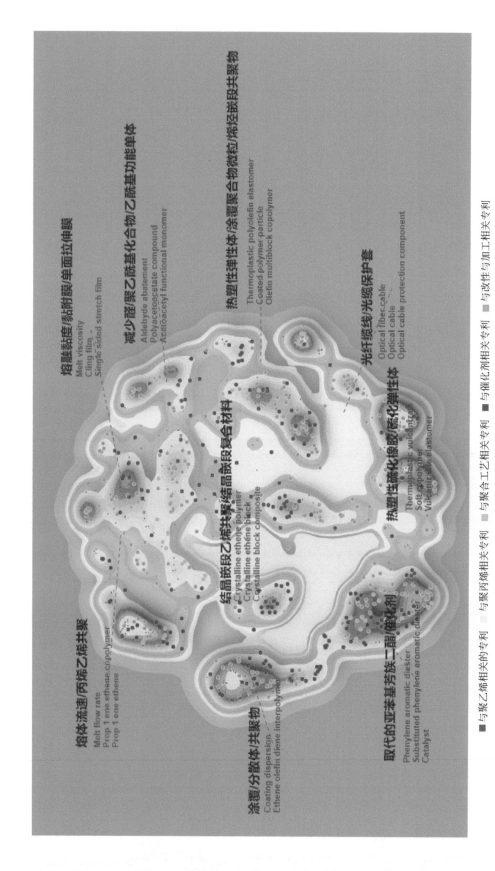

熔融流速丙烯乙烯共聚
Melt flow rate
Prop 1 ene ethane copolymer
Prop 1 ene ethene

涂覆/分散体/共聚物
Coating dispersion
Ethene olefin diene interpolymer

取代的亚苯基芳族二酯/催化剂
Phenylene aromatic diester
Substituted phenylene aromatic diester
Catalyst

结晶嵌段乙烯共聚/结晶嵌段共聚材料
Crystalline ethene polymer
Crystalline ethéne block
Crystalline block composite

热塑性硫化橡胶/硫化弹性体
Thermoplastic vulcanizate
Soft copolymer
Vulcanizable elastomer

熔融黏度流黏附膜单面拉伸膜
Melt viscosity
Cling film
Single sided stretch film

减少醛类聚乙酰基化合物/乙酰基功能单体
Aldehyde abatement
Polyacetoacetate compound
Acetoacetyl functional monomer

热塑性弹性体/涂覆聚合物微粒/烯烃嵌段共聚物
Thermoplastic polyolefin elastomer
Coated polymer particle
Olefin multiblock copolymer

光纤缆线/光缆保护套
Optical fiber cable
Optical cable
Optical cable protection component

图4-49 陶氏聚丙烯基于专利的技术主题聚类分析

■与聚乙烯相关的专利 ■与聚丙烯相关专利 ■与聚合工艺相关专利 ■与催化剂相关专利 ■与改性与加工相关专利

低分子量材料积聚的情况下制造。在汽车内部件应用方面，考虑到消费者和政府对汽车内部部件挥发性有机物的担忧和限制，陶氏在车用聚烯烃材料减少醛释放方面布局了相关技术，如在 CN110651001 中提出了一种聚丙烯组合物，包括了聚丙烯、聚烯烃弹性体以及乙酰乙酰基官能团聚合物，通过利用乙酰乙酰基官能团组合物来降低组合物和制品的醛浓度。在热塑性弹性体方面，陶氏布局了丙烯 /α- 烯烃嵌段共聚物，利用包括热塑性硫化橡胶在内的弹性体共混改性聚丙烯（如 CN112218918 等，提升聚丙烯焊接性能）。在光缆保护套、加强件领域陶氏也同样布局了相关专利，包括了聚丙烯材料的聚合、改性与加工等。在聚丙烯材料的催化剂方面，随着聚合物应用变得更加多样和复杂化，对催化剂的活性又提出更高的要求，陶氏也在提高催化活性方面布局了大量专利，如WO2010078494 中提出了利用亚苯基芳族二酯作为电子给体的前催化剂，在聚合过程中能够表现出高活性，并且产生具有高全同立构规整度和宽分子量分布的基于丙烯的烯烃。在低分子量丙烯共聚物的制备与应用方面，陶氏在高熔体流动热塑性聚烯烃、苯乙烯嵌段共聚物与丙烯共聚物共混等方向布局了相关专利。

（3）聚烯烃弹性体

截止到检索日，陶氏聚烯烃细分领域聚烯烃弹性体有效专利共计 891 件，通过聚类分析，得到 11 个技术主题方向（见图 4-50），在聚烯烃弹性体配方方面，包括利用聚烯烃弹性体改善聚丙烯的黏合性，以及提出一种包含聚（丙烯 - 共 - 乙烯）弹性体共聚物和聚（乙烯 - 共 -1- 辛烯）嵌段共聚物的配方，增加材料的刚度（如 CN1096897771）。在应用方面，陶氏热塑性弹性体在屋顶膜应用、光缆、发泡泡沫、密封剂等方面布局了相关专利。在改性方面，陶氏专利中公开了利用热塑性弹性体与聚丙烯、聚乙烯等材料共混加工能够提升材料的低温性能，同时能够拥有更好的加工性能（如 CN109890891）。

4.3.3　小结

陶氏是全球最大的聚乙烯树脂聚烯烃弹性体生产企业之一，拥有各类聚乙烯产品 150 多个牌号，且多为高端产品，主要包括 ULDPE（超低密度聚乙烯）、LDPE、LLDPE、MDPE（中密度聚乙烯）和 HDPE 五大类。利用独有的 INSITE™工艺，向市场供应了包括茂金属聚乙烯、POE、OBC 等多种高端聚烯烃产品。

此外，陶氏拥有全球领先的聚烯烃弹性体和催化剂技术。基于 INSITE™ 技术和链穿梭聚合法，陶氏推出了数十个牌号的聚烯烃弹性体产品，其中 POE 聚

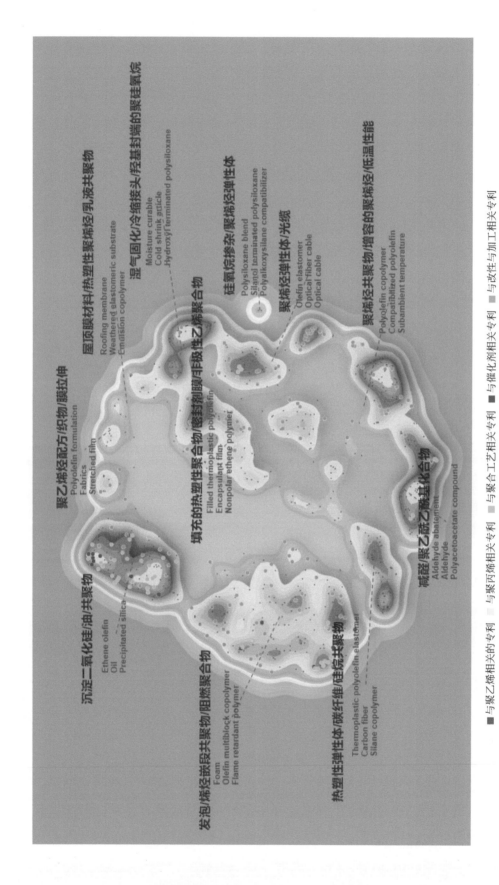

聚乙烯烃配方/织物/膜拉伸
Polyolefin formulation
Fabrics
Stretched film

屋顶膜材料/热塑性聚烯烃乳液共聚物
Roofing membrane
Weathered elastomeric substrate
Emulsion copolymer

湿气固化/冷缩接头/羟基封端的聚硅氧烷
Moisture curable
Cold shrink article
Hydroxyl terminated polysiloxane

硅氧烷掺杂/聚烯烃弹性体
Polysiloxane blend
Silanol terminated polysiloxane
Polyalkoxysilane compatibilizer

聚烯烃弹性体/光缆
Olefin elastomer
Optical-fiber cable
Optical cable

聚烯烃共聚物/增容的聚烯烃/低温性能
Polyolefin copolymer
Compatibilized polyolefin
Subambient temperature

填充的热塑性聚合物/密封剂膜/非极性乙烯聚合物
Filled thermoplastic polyolefin
Encapsulant film
Nonpolar ethene polymer

减醛聚乙酸乙酯基化合物
Aldehyde abatement
Aldehyde
Polyacetoacetate compound

沉淀二氧化硅/油/共聚物
Ethene olefin
Oil
Precipitated silica

发泡/烯烃嵌段共聚物/阻燃聚合物
Foam
Olefin multiblock copolymer
Flame retardant polymer

热塑性弹性体/碳纤维/硅烷共聚物
Thermoplastic polyolefin elastomer
Carbon fiber
Silane copolymer

■ 与聚乙烯相关的专利 ■ 与聚合工艺相关专利 ■ 与催化剂相关专利 ■ 与改性与加工相关专利

图4-50 陶氏聚烯烃弹性体基于专利的技术主题聚类分析

烯烃弹性体产品在全球的产能占比已超过40%，成为全球最大的POE生产商。

根据公开报道，陶氏在1992年推出了一种限定几何构型的单中心茂金属催化剂技术，即Insite，利用该催化剂与其传统的LLDPE生产技术相结合，以1-辛烯为共聚单体来制备聚烯烃，正式开启了高端聚烯烃的工业化生产阶段，带动了全球聚烯烃和弹性体市场的革新。通过陶氏全球专利申请趋势也可以看出，1992年之后陶氏在聚烯烃领域的专利申请量又出现了一轮较快速的增长。陶氏聚烯烃相关专利按细分领域看，在聚乙烯领域的相关专利申请量最早，也是目前专利申请量最多的领域，且仍呈现出上升态。从陶氏化学公开专利数据拟合的技术成熟度曲线可以看出，陶氏技术布局早期，更多地围绕聚烯烃催化剂领域进行研发，随后INSITE™技术的成功研发推出，陶氏在聚烯烃领域得以迅猛发展；目前，陶氏在聚烯烃相关方面已趋于成熟，进入稳定成长阶段，近年来在聚乙烯、聚丙烯以及聚烯烃弹性体领域一直保持着较高且稳定的申请量。

在专利市场布局方面，美国是陶氏的主要专利技术布局地区，其次是欧洲、日本，欧美日等地拥有成熟发达的制造业，也是全球主要聚烯烃供应商的聚集地，陶氏需要在这些地区保持一定的专利布局数量规模，并建立起一定的专利优势。按细分领域看，陶氏在催化剂、改性与加工领域的专利布局更多，基本与聚烯烃整体布局保持一致。聚合工艺与方法分布情况有所不同，地区差异也相对较小。

在专利法律状态方面，陶氏在华专利有效期在5年以内的有78件，有效专利在5～10年的有142件，有效期在10年以上的共计有575件，可以看出陶氏的聚烯烃相关专利在中国市场的保护还将持续很长时间。

在技术专利布局方向方面，从聚乙烯的专利布局主题分析结果可以看出，为了生产高性能的聚乙烯产品，陶氏在催化剂，特别是双峰催化剂领域做了大量的研究与专利布局；在聚合工艺方面，主要围绕高温溶液聚合方法进行布局，此外，在发泡聚乙烯领域在材料的制备、加工，以及改性方面也做了大量的专利布局。从聚丙烯的专利主题分析结果可以看出，主要围绕聚丙烯薄膜应用、汽车内部件应用以及光缆护套应用等进行相关制备、加工、改性的专利布局。此外，随着聚合物应用变得更加多样和复杂化，对催化剂的活性又提出来更高的要求，陶氏也在提高催化活性方面布局了大量专利。

CHAPTER4

附 录

附表1 主要国外研究机构及公司名称约定表

序号	中文名称	英文名称	约定简称
1	俄罗斯科学院西伯利亚分院鲍列斯科夫催化研究所	Boreskov Institute of Catalysis of the Siberian Branch of the RAS	Boreskov 催化研究所
2	俄罗斯科学院化学物理研究所	Institute for Problems of Chemical Physics of RAS	俄罗斯科学院化学物理研究所
3	马萨诸塞大学	University of Massachusetts	马萨诸塞大学
4	麻省理工学院	Massachusetts Institute of Technology	MIT
5	西北大学	Northwestern University	西北大学
6	北卡罗来纳大学	University of North Carolina	北卡大学
7	汉堡大学	Universität Hamburg	汉堡大学
8	东京工业大学	Tokyo Institute of Technology	东京工业大学
9	滑铁卢大学	University of Waterloo	滑铁卢大学
10	萨勒诺大学	Università degli Studi di Salerno	萨勒诺大学
11	巴西南大河联邦大学	University FED RIO GRANDE DO SUL	南大河联邦大学
12	三井化学株式会社	Mitsui Chemical	三井化学
13	埃克森美孚公司	Exxon Mobil Corporation，USA	埃克森美孚
14	北欧化工公司	Borealis	北欧化工
15	利安德巴塞尔	LyondellBasell	利安德巴塞尔
16	陶氏化学	DOW	陶氏
17	耐思特石油公司	NESTEOIL	Neste

序号	中文名称	英文名称	约定简称
18	杜邦公司	Dupont	杜邦
19	挪威国家石油公司	Equinor	Equinor
20	奥地利石油天然气集团	OMV Group	OMV
21	巴斯夫	BASF	巴斯夫
22	道达尔	Total	道达尔
23	住友化学株式会社	Sumitomo Chemical Co Ltd	住友化学
24	三菱化学株式会社	Mitsubishi Chemical Co Ltd	三菱化学
25	英力士	INEOS Group	英力士
26	日本聚丙烯株式会社	JAPAN POLYPROPYLENE CORP	日本聚丙烯株式会社
27	尤尼威蒂恩技术有限公司	UNIVATION Technologies LLC	尤尼威蒂恩技术
28	日本出光兴产株式会社	Idemitsu Kosan Co Ltd	出光兴产株式会社
29	旭化成	ASAHI KASEI KK	旭化成
30	LG 化学株式会社	LG Chemical Ltd	LG 化学
31	沙比克公司	SABIC	沙比克
32	SK 创新集团	SK Innovation Co Ltd	SK
33	阿布扎比国际石油投资公司	International Petroleum Investment Co.	IPIC
34	阿布扎比国家石油公司	Abu Dhabi National Oil Company	ADNOC

附表 2　主要国内研究机构及公司名称约定表

序号	中文名称	英文名称	约定简称
1	中国科学院化学研究所	Institute of Chemistry，Chinese Academy of Sciences	中科院化学所
2	中国科学院长春应用化学研究所	Changchun Institute of Applied Chemistry，Chinese Academy of Sciences	中科院长春应化所
3	浙江大学	Zhejiang University	浙江大学
4	四川大学	Sichuan University	四川大学
5	中国石油化工集团	China Petroleum & Chemcal Corp	中石化

参考文献

[1] P Steve Chum, Kurt W Swogger. Progress in Polymer Science: vol 33, issue 8 [M]. Elsevier Inc., 2008.

[2] Sinn H, Kaminsky W. Adv Organomet Chem: vol 18[M]. Elsevier Inc., 1980.

[3] Yang X M, Stern C L, Marks T J. Cation-like homogeneous olefin polymerization catalysts based upon zirconocene alkyls and tris (pentafluorophenyl) borane[J]. J Am Chem Soc., 1991, 113(9): 3623-3625.

[4] Johnson L K, Killian C K, Brookhart M. New Pd(II)- and Ni(II)-Based Catalysts for Polymerization of Ethylene and Alpha-Olefins[J]. J. Am. Chem. Soc., 1995, 117: 6414.

[5] WO 9623010[P]. 1996-12-05.

[6] Iwashita A, Chan MC, Makio H, Fujita T. Attractive interactions in olefin polymerization mediated by post-metallocene catalysts with fluorine-containing ancillary ligands[J]. Catal. Sci. Technol., 2014, 4: 599-610.

[7] Gibson VC, Spitzmesser SK. Advances in non-metallocene olefin polymerization catalysis[J]. Chem Rev. 2003, 103: 283-315.

[8] Moritz C. Baier, Martin A. Zuideveld, and Stefan Mecking. Post-Metallocenes in the Industrial Production of Polyolefins[J]. Angew. Chem. Int. Ed., 2014, 53: 9722- 9744.